入门与进阶

Animate CC 2017
动画制作
入门与进阶

熊晓磊 ◎ 编著

清华大学出版社
北京

内容简介

本书是《入门与进阶》系列丛书之一。全书以通俗易懂的语言、翔实生动的实例，全面介绍了使用Animate CC 2017软件进行动画制作的技巧和方法。本书共分12章，涵盖了初识Animate CC 2017，Animate CC的基本操作，绘制基础图形，图形编辑操作，添加和设置文本，导入外部对象，使用元件、实例和库，使用帧和图层，制作常用动画，使用脚本语言，Animate组件操作，动画影片的导出和发布等内容。

本书内容丰富，图文并茂。全书双栏紧排，全彩印刷，附赠的光盘中包含书中实例素材文件、18小时与图书内容同步的视频教学录像和3～5套与本书内容相关的多媒体教学视频，方便读者扩展学习。此外，光盘中附赠的"云视频教学平台"能够让读者轻松访问上百GB容量的免费教学视频学习资源库。

本书具有很强的实用性和可操作性，是广大电脑初中级用户、家庭电脑用户，以及不同年龄阶段电脑爱好者的首选参考书。

图书在版编目(CIP)数据

Animate CC 2017动画制作入门与进阶 / 熊晓磊　编著．—北京：清华大学出版社，2018

（入门与进阶）

ISBN 978-7-302-49547-5

Ⅰ．①A…　Ⅱ．①熊　Ⅲ．①超文本标记语言—程序设计　Ⅳ．①TP312.8

中国版本图书馆CIP数据核字(2018)第027455号

责任编辑： 胡辰浩　袁建华
装帧设计： 牛艳敏
责任校对： 孔祥峰
责任印制： 王静怡

出版发行： 清华大学出版社
　　　　　网　　　址：http://www.tup.com.cn，http://www.wqbook.com
　　　　　地　　　址：北京清华大学学研大厦A座　　邮　　编：100084
　　　　　社 总 机：010-62770175　　　　　　邮　　购：010-62786544
　　　　　投稿与读者服务：010-62776969，c-service@tup.tsinghua.edu.cn
　　　　　质 量 反 馈：010-62772015，zhiliang@tup.tsinghua.edu.cn
印 装 者： 北京亿浓世纪彩色印刷有限公司
经　　销： 全国新华书店
开　　本： 150mm×215mm　　**插　页：** 4　　**印　张：** 16.75　　**字　数：** 429千字
　　　　　（附光盘1张）
版　　次： 2018年3月第1版　　**印　次：** 2018年3月第1次印刷
印　　数： 1～3500
定　　价： 48.00元

产品编号：062106-01

▶ 按钮切换图片

▶ 渐变变形

▶ 输入文本

▶ 补间动画

▶ 彩虹风景

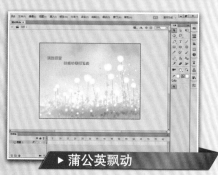

▶ 蒲公英飘动

▶ 静态文本

▶ 添加元件属性

▶ 传统补间动画

▶ 文字滚动

▶ 图层动画

▶ 贺卡文字

▶ 下雪效果

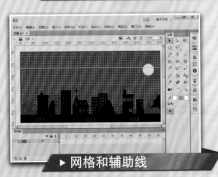

▶ 网格和辅助线

▶ 文字按钮

▶ 走路动画

光盘使用说明

光盘主要内容

本光盘为《入门与进阶》丛书的配套多媒体教学光盘，光盘中的内容包括18小时与图书内容同步的视频教学录像和相关素材文件。光盘采用真实详细的操作演示方式，详细讲解了电脑以及各种应用软件的使用方法和技巧。此外，本光盘附赠大量学习资料，其中包括多套与本书内容相关的多媒体教学演示视频。

光盘操作方法

将DVD光盘放入DVD光驱，几秒钟后光盘将自动运行。如果光盘没有自动运行，可双击桌面上的【我的电脑】或【计算机】图标，在打开的窗口中双击DVD光驱所在盘符，或者右击该盘符，在弹出的快捷菜单中选择【自动播放】命令，即可启动光盘进入多媒体互动教学光盘主界面。

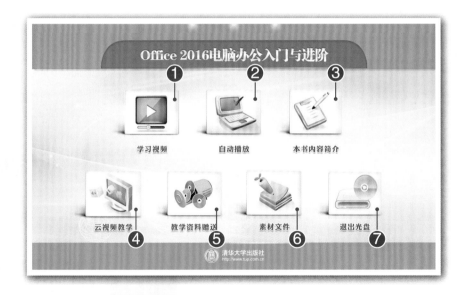

1 进入普通视频教学模式

2 进入自动播放演示模式

3 阅读本书内容介绍

4 单击进入云视频教学界面

5 打开赠送的学习资料文件夹

6 打开素材文件夹

7 退出光盘学习

光盘使用说明

普通视频教学模式

- 赛扬 1.0GHz 以上 CPU
- 512MB 以上内存
- 500MB 以上硬盘空间
- Windows XP/Vista/7/8/10 操作系统
- 屏幕分辨率 1024×768 以上
- 8 倍速以上的 DVD 光驱

光盘运行环境

图1 单击【学习视频】按钮

图2
① 单击章节名称
② 单击实例名称

图3
进入普通视频教学界面
控制视频教学播放

自动播放演示模式

图1 单击【自动播放】按钮

图2 进入自动播放视频教学界面，用户无须动手操作，系统将按顺序播放整张光盘

THE BUSENESS PLAN
商业融资计划书
xxx公司

赠送的教学资料

图1
② 打开光盘中教学资料所在文件夹
① 单击【教学资料赠送】按钮

图2
② 打开光盘中素材文件所在文件夹
① 单击【素材文件】按钮

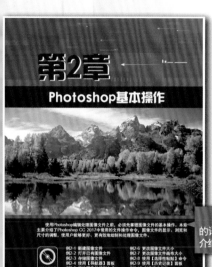

2.2 实例概述

简要描述实例内容，同时让读者明确该实例是否附带教学视频或源文件。

章首导读
以言简意赅的语言表述本章介绍的主要内容。

操作步骤
图文并茂,详略得当,让读者对实例操作过程轻松上手。

紧密结合光盘,列出本章有同步教学视频的操作案例。
教学视频

5.4 图章工具

知识点滴
在文中加入大量的知识信息,或是本节知识的重点解析以及难点提示。

进阶技巧
讲述软件操作在实际应用中的技巧,让读者少走弯路、事半功倍。

2.7 疑点解答

疑点解答
对本章内容做扩展补充,同时拓宽读者的知识面。

云视频教学平台

光盘附赠的云视频教学平台能够让读者轻松访问上百 GB 容量的免费教学视频学习资源库。该平台拥有海量的多媒体教学视频，让您轻松学习，无师自通！

图1

在检查网络连接正常后单击【确定】按钮进入云视频教学平台

图2

在该界面中可以单击想学习的案例标题，即可进入对应的视频播放界面；此外，单击下方的翻页按钮可以查看其他视频教学内容

图4

在主界面中单击您想学习的图书标题，即可进入对应的教学内容界面

图3

进入视频教学界面，单击下方控制条可以控制视频教学的播放

图5

　　熟练操作电脑已经成为当今社会不同年龄层次的人群必须掌握的一门技能。为了使读者在短时间内轻松掌握电脑各方面应用的基本知识，并快速解决生活和工作中遇到的各种问题，清华大学出版社组织了一批教学精英和业内专家特别为电脑学习用户量身定制了这套《入门与进阶》系列丛书。

丛书、光盘和网络服务

　　◎ 双栏紧排，全彩印刷，图书内容量多实用　本丛书采用双栏紧排的格式，使图文排版紧凑实用，其中260多页的篇幅容纳了传统图书一倍以上的内容。从而在有限的篇幅内为读者奉献更多的电脑知识和实战案例，让读者的学习效率达到事半功倍的效果。

　　◎ 结构合理，内容精炼，案例技巧轻松掌握　本丛书紧密结合自学的特点，由浅入深地安排章节内容，让读者能够一学就会、即学即用。书中的范例通过添加大量的"知识点滴"和"进阶技巧"的注释方式突出重要知识点，使读者轻松领悟每一个范例的精髓所在。

　　◎ 书盘结合，互动教学，操作起来十分方便　丛书附赠一张精心开发的多媒体教学光盘，其中包含了18小时左右与图书内容同步的视频教学录像。光盘采用真实详细的操作演示方式，紧密结合书中的内容对各个知识点进行深入的讲解。光盘界面注重人性化设计，读者只需要单击相应的按钮，即可方便地进入相关程序或执行相关操作。

　　◎ 免费赠品，素材丰富，量大超值实用性强　附赠光盘采用大容量DVD格式，收录书中实例视频、源文件以及3～5套与本书内容相关的多媒体教学视频。此外，光盘中附赠的云视频教学平台能够让读者轻松访问上百GB容量的免费教学视频学习资源库，在让读者学到更多电脑知识的同时真正做到物超所值。

　　◎ 在线服务，贴心周到，方便老师定制教案　本丛书精心创建的技术交流QQ群(101617400、2463548)为读者提供24小时便捷的在线交流服务和免费教学资源；便捷的教材专用通道(QQ：22800898)为老师量身定制实用的教学课件。

本书内容介绍

　　《Animate CC 2017动画制作入门与进阶》是这套丛书中的一本，该书从读者的学习兴趣和实际需求出发，合理安排知识结构，由浅入深、循序渐进，通过图文并茂的方式讲解Animate动画制作的各种操作技巧和方法。全书共分为12章，主要内容如下。

　　第1章：介绍Animate CC 2017快速上手的入门知识。
　　第2章：介绍Animate的基本操作方法和技巧。
　　第3章：介绍绘制基础图形的方法和技巧。
　　第4章：介绍图形编辑操作的方法和技巧。

第5章：介绍添加和设置文本的方法和技巧。
第6章：介绍导入外部对象的方法和技巧。
第7章：介绍使用元件、实例和库的方法和技巧。
第8章：介绍使用帧和图层的方法和技巧。
第9章：介绍制作常用动画的操作方法和技巧。
第10章：介绍使用脚本语言的操作方法和技巧。
第11章：介绍Animate组件的操作方法和技巧。
第12章：介绍动画影片导出和发布的操作方法与技巧。

读者定位和售后服务

本书具有很强的实用性和可操作性，是广大电脑初中级用户、家庭电脑用户，以及不同年龄阶段电脑爱好者的首选参考书。

如果您在阅读图书或使用电脑的过程中有疑惑或需要帮助，可以登录本丛书的信息支持网站(http://www.tupwk.com.cn/improve3)或通过E-mail(wkservice@vip.163.com)联系，本丛书的作者或技术人员会提供相应的技术支持。

除封面署名的作者外，参加本书编写的人员还有陈笑、孔祥亮、杜思明、高娟妮、曹汉鸣、何美英、陈宏波、潘洪荣、王燕、谢李君、李珍珍、王华健、柳松洋、陈彬、刘芸、高维杰、张素英、洪妍、方峻、邱培强、顾永湘、王璐、管兆昶、颜灵佳、曹晓松等。由于作者水平所限，本书难免有不足之处，欢迎广大读者批评指正。我们的邮箱是huchenhao@263.net，电话是010-62796045。

最后感谢您对本丛书的支持和信任，我们将再接再厉，继续为读者奉献更多更好的优秀图书，并祝愿您早日成为电脑应用高手！

《入门与进阶》丛书编委会
2017年10月

第1章 初识Animate CC 2017

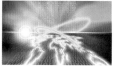

1.1 **Animate CC 2017简介** ·············**2**
1.1.1 Animate CC 2017概述 ········· 2
1.1.2 Animate CC 2017功能介绍 ··· 2
1.2 **安装和启动Animate CC** ·········**3**
1.2.1 安装和卸载软件 ············· 3
1.2.2 启动和退出软件 ············· 5
1.3 **Animate CC 2017的工作界面** ···**6**
1.3.1 欢迎屏幕 ··················· 6
1.3.2 标题栏 ···················· 6
1.3.3 菜单栏 ···················· 7

1.3.4 【工具】面板 ··············· 9
1.3.5 【时间轴】面板 ············· 9
1.3.6 面板集 ··················· 10
1.3.7 舞台 ····················· 12
1.4 **设置工作环境** ···············**13**
1.4.1 手动调整工作界面 ········· 13
1.4.2 自定义工作界面 ··········· 14
1.4.3 设置首选参数 ············· 15
1.5 **进阶实战** ···················**15**
1.6 **疑点解答** ···················**18**

第2章 Animate的基本操作

2.1 **新建Animate CC文件** ·········**20**
2.1.1 Animate CC支持的文件格式 ······ 20
2.1.2 新建Animate 文档 ········· 20
2.2 **文档的基础操作** ·············**21**
2.2.1 打开和关闭文档 ··········· 21
2.2.2 保存文档 ················· 22
2.3 **设置舞台** ···················**23**
2.3.1 缩放舞台 ················· 23

2.3.2 旋转舞台 ················· 24
2.3.3 舞台的辅助工具 ··········· 24
2.4 **Animate 的工作流程** ·········**26**
2.5 **设置首选参数和撤销操作** ·····**26**
2.5.1 设置首选参数 ············· 26
2.5.2 撤销、重做和历史记录········ 28
2.6 **进阶实战** ···················**30**
2.7 **疑点解答** ···················**32**

第3章 绘制基础图形

3.1 **绘制简单图形** ···············**34**

3.1.1 矢量图和位图 ············· 34

3.1.2 绘制线条图形·············· 35
3.1.3 绘制几何图形·············· 40
3.2 填充图形颜色·············· **43**
3.2.1 使用【颜料桶工具】········ 43
3.2.2 使用【墨水瓶工具】········ 43
3.2.3 使用【橡皮擦工具】········ 44

3.2.4 使用【滴管工具】·········· 44
3.3 查看和选择图形·············· **46**
3.3.1 使用查看工具············ 46
3.3.2 使用选择工具············ 47
3.4 进阶实战·················· **50**
3.5 疑点解答·················· **52**

第4章 图形编辑操作

4.1 图形的基本编辑·············· **54**
4.1.1 移动图形················ 54
4.1.2 复制和粘贴图形·········· 55
4.1.3 排列和对齐图形·········· 55
4.1.4 组合和分离图形·········· 56
4.1.5 贴紧图形················ 57
4.1.6 图形的变形·············· 58
4.2 调整图形颜色·············· **61**

4.2.1 使用【颜色】面板········ 61
4.2.2 使用【渐变变形工具】···· 61
4.2.3 调整色彩效果············ 64
4.3 添加3D和滤镜效果·········· **65**
4.3.1 添加3D效果·············· 65
4.3.2 添加滤镜效果············ 68
4.4 进阶实战·················· **73**
4.5 疑点解答·················· **76**

第5章 添加和设置文本

5.1 创建文本对象·············· **78**
5.1.1 文本的类型·············· 78
5.1.2 创建静态文本············ 78
5.1.3 创建动态文本············ 80
5.1.4 创建输入文本············ 80
5.2 文本的编辑················ **82**
5.2.1 设置文本属性············ 82
5.2.2 选择文本················ 83
5.2.3 分离文本················ 83
5.2.4 变形文本················ 84

5.2.5 消除文本锯齿············ 85
5.2.6 添加文字链接············ 85
5.3 使用文字效果·············· **87**
5.3.1 使用文本滤镜············ 87
5.3.2 使用上下标文本·········· 88
5.3.3 调整文本段落············ 89
5.4 进阶实战·················· **90**
5.4.1 制作登录界面············ 90
5.4.2 制作卡片················ 92
5.5 疑点解答·················· **94**

第6章 导入外部对象

6.1 导入图形·············**96**
  6.1.1 导入图形的格式············96
  6.1.2 导入位图···················96
  6.1.3 编辑导入的位图···········97
  6.1.4 导入其他格式············100
6.2 导入声音·············**102**
  6.2.1 声音相关知识············102
  6.2.2 导入声音的操作··········103

  6.2.3 编辑声音···············106
  6.2.4 导出声音···············107
  6.2.5 压缩声音···············108
6.3 导入视频·············**111**
  6.3.1 导入视频的格式·········111
  6.3.2 导入视频的方法·········113
6.4 进阶实战·············**116**
6.5 疑点解答·············**118**

第7章 使用元件、实例和库

7.1 使用元件·············**120**
  7.1.1 元件的类型············120
  7.1.2 创建元件··············120
  7.1.3 转换元件··············126
  7.1.4 复制元件··············126
  7.1.5 编辑元件··············127
7.2 使用实例·············**128**
  7.2.1 创建实例··············128
  7.2.2 交换实例··············129

  7.2.3 改变实例类型···········130
  7.2.4 分离实例··············130
  7.2.5 设置实例信息···········130
7.3 使用库···············**132**
  7.3.1 【库】面板和项目·······132
  7.3.2 库的操作··············133
  7.3.3 共享库资源············135
7.4 进阶实战·············**137**
7.5 疑点解答·············**138**

第8章 使用帧和图层

8.1 认识时间轴和帧·······**140**
  8.1.1 时间轴和帧的简介·······140

  8.1.2 帧的类型··············140
  8.1.3 帧的显示状态···········141

8.1.4　【绘图纸外观】工具·············· 141
8.2　操作帧·············· **142**
8.2.1　插入帧·············· 142
8.2.2　选择帧·············· 143
8.2.3　删除和清除帧·············· 143
8.2.4　复制帧·············· 144
8.2.5　移动帧·············· 144
8.2.6　翻转帧·············· 144
8.2.7　帧频和帧序列·············· 144
8.3　制作逐帧动画·············· **145**
8.3.1　逐帧动画的概念·············· 145
8.3.2　逐帧动画的制作·············· 146

8.4　使用图层·············· **147**
8.4.1　图层的类型·············· 148
8.4.2　图层的模式·············· 148
8.4.3　创建图层和图层文件夹·············· 149
8.4.4　选择和删除图层·············· 150
8.4.5　复制和拷贝图层·············· 150
8.4.6　重命名和调序图层·············· 151
8.4.7　设置图层属性·············· 151
8.5　进阶实战·············· **153**
8.5.1　制作滚动文字动画·············· 153
8.5.2　制作走路动画·············· 155
8.6　疑点解答·············· **158**

第9章　制作常用动画

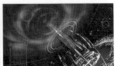

9.1　制作补间形状动画·············· **160**
9.1.1　创建补间形状动画·············· 160
9.1.2　编辑补间形状动画·············· 161
9.2　制作传统补间动画·············· **162**
9.2.1　创建传统补间动画·············· 162
9.2.2　编辑传统补间动画·············· 164
9.2.3　处理XML文件·············· 166
9.3　制作补间动画·············· **167**
9.3.1　创建补间动画·············· 167
9.3.2　运用动画预设·············· 170
9.3.3　使用【动画编辑器】·············· 173
9.4　制作引导层动画·············· **173**
9.4.1　普通引导层·············· 173
9.4.2　传统运动引导层·············· 174

9.5　制作遮罩层动画·············· **176**
9.5.1　遮罩层动画原理·············· 176
9.5.2　创建遮罩层动画·············· 176
9.6　制作骨骼动画·············· **178**
9.6.1　添加骨骼·············· 178
9.6.2　编辑骨骼·············· 179
9.7　制作多场景动画·············· **182**
9.7.1　编辑场景·············· 182
9.7.2　创建多场景动画·············· 183
9.8　进阶实战·············· **185**
9.8.1　制作云朵飘动效果·············· 185
9.8.2　制作弹跳效果·············· 187
9.9　疑点解答·············· **188**

第10章　使用脚本语言

10.1　ActionScript语言简介·············· **190**

10.1.1　ActionScript入门·············· 190

10.1.2　ActionScript常用术语 ·············· 192

10.2　ActionScript语言基础 ··············192

10.2.1　ActionScrip基本语法 ·············· 192

10.2.2　ActionScrip数据类型 ·············· 194

10.2.3　ActionScrip变量 ······················ 195

10.2.4　ActionScrip常量 ······················ 196

10.2.5　Actionscrip关键字 ··················· 196

10.2.6　ActionScrip函数 ······················ 196

10.2.7　ActionScrip运算符 ··················· 198

10.3　输入代码 ·································199

10.3.1　代码的编写流程 ······················ 199

10.3.2　绝对路径和相对路径 ·············· 200

10.3.3　添加代码 ································· 202

10.4　ActionScript常用语句 ·············205

10.4.1　条件判断语句 ·························· 205

10.4.2　循环控制语句 ·························· 206

10.5　处理对象 ·································207

10.5.1　属性 ·· 207

10.5.2　方法 ·· 208

10.5.3　事件 ·· 208

10.5.4　创建对象实例 ·························· 209

10.6　使用类和数组 ··························212

10.6.1　使用类 ···································· 212

10.6.2　使用数组 ································· 217

10.7　进阶实战 ·································217

10.8　疑点解答 ·································220

第11章　Animate组件操作

11.1　组件的基础知识 ······················222

11.1.1　组件的类型 ·························· 222

11.1.2　组件的操作 ·························· 222

11.2　使用【UI】组件 ······················224

11.2.1　使用按钮组件 ······················ 224

11.2.2　使用复选框组件 ··················· 226

11.2.3　使用单选按钮组件 ··············· 227

11.2.4　使用下拉列表组件 ··············· 229

11.2.5　使用文本区域组件 ··············· 231

11.2.6　使用进程栏组件 ··················· 232

11.2.7　使用滚动窗格组件 ··············· 234

11.2.8　使用数字微调组件 ··············· 236

11.2.9　使用文本标签组件 ··············· 236

11.2.10　使用列表框组件 ·················· 237

11.3　使用视频类组件 ······················237

11.4　进阶实战 ·································240

11.5　疑点解答 ·································242

第12章　动画影片的导出和发布

12.1　测试影片 ·································244

12.1.1　测试影片的技巧 ··················· 244

12.1.2　测试影片和场景 ··················· 244

12.2　优化影片 ·································245

12.2.1　优化文档元素 ······················ 245

12.2.2　优化动画性能 ······················ 246

12.3　发布影片的设置 ······················247

12.3.1　【发布设置】对话框 ············· 247

12.3.2　设置Flash发布格式 ······················ 248

12.3.3　设置HTML发布格式 ······················ 249

12.3.4　设置GIF发布格式 ························· 252

12.3.5　设置JPEG发布格式 ······················ 252

12.3.6　设置PNG发布格式 ······················· 252

12.3.7　设置OAM发布格式 ······················ 253

12.3.8　设置SVG发布格式 ······················· 253

12.3.9　设置SWC和放映文件 ··············· 254

12.4　导出影片内容 ····························255

12.4.1　导出影片 ······························ 255

12.4.2　导出图像 ······························ 255

12.4.3　导出视频 ······························ 257

12.5　进阶实战 ·······························258

12.6　疑点解答 ·······························260

第1章

初识Animate CC 2017

    Animate CC在支持Flash SWF文件的基础上，加入了对HTML5的支持，为网页开发者提供更适应现有网页应用的音频、图片、视频、动画等创作支持。本章将简单介绍Animate CC 2017的基础知识。

对应光盘视频

例1-1 设置工作界面

1.1 Animate CC 2017简介

Animate CC 由原Adobe Flash Professional CC 更名得来，维持原有 Flash 开发工具支持外，新增 HTML 5 创作工具，可以创建出HTML5、CSS3和Javascript相结合的交互式动画。

1.1.1 Animate CC 2017概述

Adobe Flash Professional CC 已更名为 Adobe Animate CC，最新版本为 Animate CC 2017。

Adobe Animate CC 2017可以让用户在一个基于时间轴的创作环境中创建矢量动画、广告、多媒体内容、应用程序、游戏等。Animate 对 HTML5 Canvas 和 WebGL 等多种输出提供原生支持，并可以进行扩展以支持 SnapSVG 等自定义格式。

由于现在众多的浏览器和网络平台都不支持Flash Play插件，使用HTML5格式成为网页设计者的共同选择，Adobe公司推出的Adobe Animate CC可视化HTML5动画制作软件，可以更好地兼容移动互联网。

1.1.2 Animate CC 2017功能介绍

Animate CC 2017为游戏设计人员、开发人员、动画制作人员及教育内容编创人员推出了很多激动人心的新功能。

● 支持移动设备：通过Animate CC 2017创建的网页动画，可以应用于任何浏览器，同时还可以在使用iOS和Android平台的移动设备上完美呈现。

● 支持滑动手势：在Animate CC 2017中可以创建运用于智能手机和平板的项目，并在项目中可以轻松添加左右滑动和上下滑动的手势支持。

● Flash Player和Adobe AIR 集成：Animate 集成最新版的Flash Player 和 AIR SDK 25。最新版的Adobe AIR SDK for iOS 和 Adobe AIR SDK for Android 支持挪威语、希伯来语和丹麦语。

● 帧选择器增强功能：增强的帧选择器面板提供一个"创建关键帧"复选框，可用来在帧选择器面板中选择帧时自动创建关键帧。此外，Animate 为面板中列出的帧提供筛选选项。

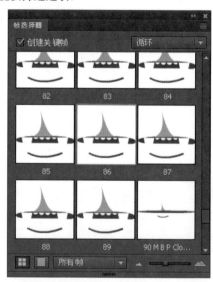

● 虚拟摄像头支持：制作过Flash动画的都了解，最基本的推拉摇移这些镜头语言，在Flash中需要通过移动、缩放甚至遮罩内容来模仿摄像头的移动。而现在动画制作人员将可以使用虚拟摄像头功能添加

动画效果。

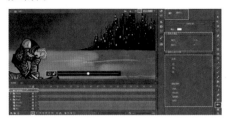

通过 CC 库共享：从此版本开始，用户可以通过 CC 库共享元件或整个动画。这样多名动画制作人员便可以实现无缝协作，从而简化游戏或应用程序开发期间设计人员和开发人员的工作流程。

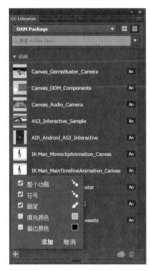

导出图像和动画GIF：在此版本中，Animate 引入了新的图像和动画GIF导出工作流。可以使用"导出图像"对话框中的优化功能，预览具有不同文件格式和不同文件属性的优化图像。

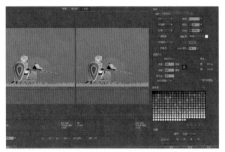

支持Web字体：在Animate CC中支持Web字体的使用，可以在所制作的网页动画中运用特殊的字体，丰富动画效果。

矢量画笔改进：创建和共享自定义画笔，将图案画笔转换为标准艺术画笔，并借助更高的压力和倾斜感应提高表现力。

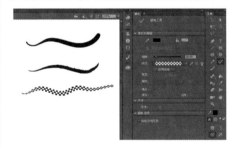

1.2　安装和启动Animate CC

要运行Animate CC，首先要将其安装到电脑里。安装完毕后，就可启动它完成相应的任务了。学会安装后还可以学习如何卸载Animate CC。

1.2.1　安装和卸载软件

安装Animate CC 2017的方法很简单，只需要运行安装程序，按照操作向导提示，就可以轻松地将该软件安装到电脑中。

01 在桌面上打开【此电脑】窗口，找到Animate CC 2017安装文件所在目录，双击其中的【Set-up.exe】文件，开始进行安装。

02 此时系统自动安装Animate CC 2017软件。

03 安装完毕后单击【关闭】按钮即可。

如果用户不再准备使用Animate CC 2017，可以将其卸载。

01 双击桌面上的【控制面板】按钮，打开【所有控制面板项】窗口，单击【程序和功能】按钮。

02 打开【程序和功能】窗口，找到Adobe Animate CC 2017程序，右击会弹出【卸载/更改】选项，选择该选项。

03 弹出对话框，单击【是，确定删除】按钮即可进行快速删除。

04 卸载完毕后单击【关闭】按钮。

1.2.2 启动和退出软件

制作Animate动画之前，首先要学会启动和退出Animate CC 2017程序，其步骤非常简单，下面将介绍启动和退出Animate CC 2017的相关操作方法。

1 启动Animate CC

下面介绍启动Animate CC 2017的几种常用方法。

● 从【开始】菜单启动：启动Windows 10后，打开【开始】菜单，选择【Adobe Animate CC 2017】选项。

● 通过桌面快捷方式启动：当Animate CC 2017安装完成后，桌面上将自动创建快捷图标。双击该快捷图标，就可以启动Animate CC 2017。

● 双击已经建立好的Animate CC文档。

2 退出Animate CC 2017

退出Animate CC 2017有很多方法，常用的主要有以下几种。

● 单击Animate CC 2017窗口右上角的【关闭】按钮 ✕ 。

● 选择【文件】|【退出】命令。

● 单击标题栏左侧■按钮，从弹出的菜单中选择【关闭】命令。

1.3 Animate CC 2017的工作界面

用户要正确高效地运用Animate CC 2017软件制作动画，首先需要熟悉Animate CC 2017的工作界面以及工作界面中各部分的功能。

1.3.1 欢迎屏幕

在默认情况下，启动Animate CC后会打开一个欢迎屏幕，通过它可以快速创建Flash文件和打开相关项目。

欢迎屏幕上有几个常用选项列表，作用分别如下。

● 打开最近的项目：可以打开最近曾经打开过的文件。

● 新建：可以创建包括"HTML5 Canvas文件"、"WebGL"等在内的各种新文件。

● 模板：可以使用Animate CC自带的模板方便地创建特定的应用项目。

● 简介和学习：通过该栏项目列表可以打开对应的程序简介和学习页面。

1.3.2 标题栏

Animate CC的工作界面主要包括标题栏、菜单栏【工具】面板、【时间轴】面板、其他面板组集合、舞台等界面要素。

Animate CC的标题栏包含窗口管理按钮、工作区切换按钮，同步设置状态按钮等界面元素。各个元素的作用分别如下。

● 窗口管理按钮：包括【最大化】、【最小化】、【关闭】按钮，和普通窗口的管理按钮一样。

● 工作区切换按钮：该按钮提供了多种工作区模式选择，包括【动画】、【调试】、【传统】、【设计人员】、【开发人员】、【基本功能】、【小屏幕】等选项，用户单击该按钮，在弹出的下拉菜单中选择相应的选项即可切换工作区模式。

同步设置状态按钮：单击该按钮，再单击【管理同步设置】按钮，可以打开【首选参数】对话框中的【同步设置】选项卡，设置Adobe ID同步选项。

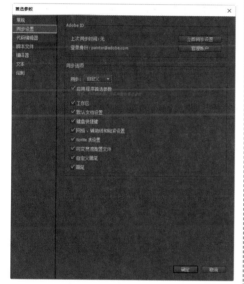

1.3.3 菜单栏

Animate CC的菜单栏包括【文件】、【编辑】、【视图】、【插入】、【修改】、【文本】、【命令】、【控制】、【调试】、【窗口】与【帮助】菜单。

文件(F) 编辑目 视图(V) 插入(I) 修改(M) 文本(T) 命令(C) 控制(O) 调试(D) 窗口(W) 帮助(H)

菜单栏中的各个主菜单的作用分别如下。

【文件】菜单：用于文件操作，例如创建、打开和保存文件等。

新建(N)...	Ctrl+N
打开	Ctrl+O
在 Bridge 中浏览	Ctrl+Alt+O
打开最近的文件(P)	>
关闭(C)	Ctrl+W
全部关闭	Ctrl+Alt+W
painter@adobe.com	>
保存(S)	Ctrl+S
另存为(A)...	Ctrl+Shift+S
另存为模板(T)...	
全部保存	
还原(R)	
导入(I)	>
导出(E)	>
发布设置(G)...	Ctrl+Shift+F12
发布(B)	Shift+Alt+F12
AIR 设置...	
ActionScript 设置...	
退出(X)	Ctrl+Q

【编辑】菜单：用于动画内容的编辑操作，例如复制、粘贴等。

撤消	Ctrl+Z
重做	Ctrl+Y
剪切(T)	Ctrl+X
复制(C)	Ctrl+C
粘贴到中心位置(P)	Ctrl+V
粘贴到当前位置(N)	Ctrl+Shift+V
选择性粘贴	
清除(A)	Backspace
直接复制(D)	Ctrl+D
全选(L)	Ctrl+A
取消全选(V)	Ctrl+Shift+A
反转选区(I)	
查找和替换(F)	Ctrl+F
查找下一个(X)	F3
时间轴(M)	>
编辑元件	Ctrl+E
编辑所选项目(I)	
在当前位置编辑(E)	
首选参数(S)...	Ctrl+U
字体映射(G)...	
快捷键(K)...	

【视图】菜单：用于对开发环境进行外观和版式设置，例如放大、缩小视图等。

转到(G)	>
放大(I)	Ctrl+=
缩小(O)	Ctrl+-
缩放比率(M)	>
预览模式(P)	>
✓ 粘贴板	Ctrl+Shift+W
标尺(R)	Ctrl+Shift+Alt+R
网格(D)	>
辅助线(E)	>
贴紧(S)	>
隐藏边缘(H)	Ctrl+Shift+E
显示形状提示(A)	Ctrl+Alt+I
显示 Tab 键顺序(T)	
屏幕模式	>

💡 【插入】菜单：用于插入性质的操作，例如新建元件、动画、场景等。

新建元件(E)...	Ctrl+F8
补间动画	
补间形状(Z)	
传统补间(C)	
时间轴(N)	>
场景(S)	

💡 【修改】菜单：用于修改动画中的对象、场景等动画本身的特性，例如修改属性等。

文档(D)...	Ctrl+J
转换为元件(C)...	F8
转换为位图(B)	
分离(K)	Ctrl+B
位图(W)	>
元件(S)	>
形状(P)	>
合并对象(O)	>
时间轴(N)	>
变形(T)	>
排列(A)	>
对齐(N)	>
组合(G)	Ctrl+G
取消组合(U)	Ctrl+Shift+G

💡 【文本】菜单：用于对文本的属性和样式进行设置。

字体(F)	>
大小(S)	>
样式(Y)	>
对齐(A)	>
字母间距(L)	>
可滚动(R)	
字体嵌入(E)...	

💡 【命令】菜单：用于对命令进行管理。

管理保存的命令(M)...
获取更多命令(G)...
运行命令(R)...
转换为其它文档格式
复制 ActionScript 的字体名称
将动画复制为 XML
作为放映文件导出
导出动画 XML
导入动画 XML

💡 【控制】菜单：用于对动画进行播放、控制和测试。

播放	Enter
后退(R)	Shift+,
转到结尾(G)	Shift+.
前进一帧(F)	
后退一帧(B)	
测试(T)	Ctrl+Enter
测试影片(T)	>
测试场景(S)	Ctrl+Alt+Enter
清除发布缓存(C)	
清除发布缓存并测试影片(T)	
时间轴(I)	>
循环播放(L)	
播放所有场景(A)	
启用简单按钮(B)	
静音(N)	Ctrl+Alt+M

💡 【调试】菜单：用于对动画进行调试操作。

调试(D)	Ctrl+Shift+Enter
调试影片(M)	>
继续(C)	Alt+F5
结束调试会话(E)	Alt+F12
跳入(I)	Alt+F6
跳过(V)	Alt+F7
跳出(O)	Alt+F8
切换断点(T)	Ctrl+Alt+B
删除所有断点(A)	Ctrl+Shift+Alt+B
开始远程调试会话(R)	

● 【窗口】菜单：用于打开、关闭、组织和切换各种窗口面板。

直接复制窗口(D)	Ctrl+Alt+K
✓ 编辑栏(E)	
✓ 时间轴(M)	Ctrl+Alt+T
✓ 工具(T)	Ctrl+F2
属性(P)	Ctrl+F3
库(L)	Ctrl+L
画笔库	
动画预设	
帧选择器	
动作(A)	F9
代码片断(C)	
编译器错误(E)	Alt+F2
调试面板(D)	>
输出(U)	F2
对齐(N)	Ctrl+K
颜色(C)	Ctrl+Shift+F9
信息(I)	Ctrl+I
样本(W)	Ctrl+F9
变形(T)	Ctrl+T
组件(C)	Ctrl+F7
历史记录(H)	Ctrl+F10
场景(S)	Shift+F2
浏览插件...	
扩展	>
工作区(W)	>
隐藏面板	F4
✓ 1 无标题-4	

● 【帮助】菜单：用于快速获取帮助信息。

Animate 帮助(H)	F1
Animate 支持中心(S)	
获取最新的 Flash Player(P)	
Adobe Exchange(E)	
管理扩展功能(M)...	
管理 Adobe AIR SDK(R)...	
更新...	
AMTEmu by PainteR	
Adobe 在线论坛(F)	
关于 Animate(A)	

1.3.4 【工具】面板

Animate CC的【工具】面板中包含了用于创建和编辑图像、图稿、页面元素的所有工具。使用这些工具可以进行绘图、选取对象、喷涂、修改及编排文字等操作。其中一部分工具按钮的右下角有▄图标，表示该工具包含一组同类型工具。

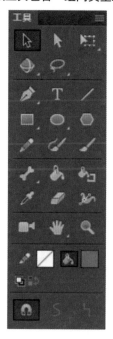

1.3.5 【时间轴】面板

时间轴用于组织和控制影片内容在一定时间内播放的层数和帧数，Flash影片将时间长度划分为帧。图层相当于层叠的幻灯片，每个图层都包含一个显示在舞台中的不同图像。

在【时间轴】面板中，左边的上方和下方的几个按钮用于调整图层的状态和创建图层。在帧区域中，顶部的标题是帧的编号，播放头指示了舞台中当前显示的帧。在该面板底部显示的按钮用于改变帧的显示状态，指示当前帧的编号、帧频和到当前帧为止动画的播放时间等。

1.3.6 面板集

面板集用于管理Animate CC面板，它将所有面板都嵌入到同一个面板中。通过面板集，用户可以对工作界面的面板布局进行重新组合，以适应不同的工作需求。

1 面板集的操作

面板集的基本操作主要有以下几点。

🔵 Animate CC提供了7种工作区面板集的布局方式，单击标题栏的【基本功能】按钮，在弹出的下拉菜单中选择相应命令，即可在7种布局方式之间切换。

🔵 除了使用预设的几种布局方式以外，还可以对面板集进行手动调整。用鼠标左键按住面板的标题栏拖动可以进行任意移动，当被拖动的面板停靠在其他面板旁边时，会在其边界出现一个蓝边的半透明条，如果此时释放鼠标，则被拖动的面板将停放在半透明条位置。如下图所示为将【库】面板拖动到【工具】面板左侧。

🔵 将一个面板拖放到另一个面板中时，目标面板会呈现蓝色的边框，如果此时释放鼠标，被拖放的面板将会以选项卡的形式出现在目标面板中。

如果将需要的面板全部打开，会占用大量的屏幕空间，此时单击面板集顶端的【折叠为图标】按钮 ◄◄ ，可以将整个面板集中的面板以图标方式显示，再次单击【展开面板】 ►► 按钮则恢复面板的显示。

2 其他常用面板

Animate CC中比较常用的面板有【颜色】、【库】、【属性】和【变形】面板等。这几种常用面板的简介如下。

🔘 【颜色】面板：选择【窗口】|【颜色】命令，可以打开【颜色】面板。该面板用于给对象设置边框颜色和填充颜色。

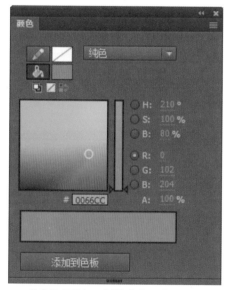

🔘 【库】面板：选择【窗口】|【库】命令，可以打开【库】面板。该面板用于存储用户所创建的元件等内容，在导入外部素材时也可以导入到【库】面板中。

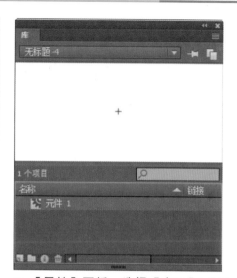

🔘 【属性】面板：选择【窗口】|【属性】命令，可以打开【属性】面板。根据用户选择对象的不同，【属性】面板中显示出不同的信息。

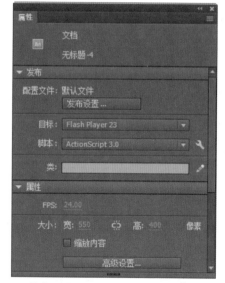

🔘 【变形】面板：选择【窗口】|【变形】命令，可以打开【变形】面板。在该面板中，用户可以对所选对象进行放大与

缩小、设置对象的旋转角度和倾斜角度以及设置3D旋转度数和中心点位置等操作。

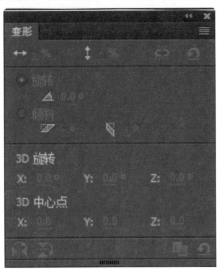

● 【对齐】面板：选择【窗口】|【对齐】命令，可以打开【对齐】面板。在该面板中，用户可以对所选对象进行对齐和分布操作。

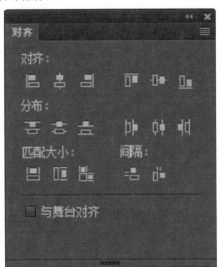

● 【动作】面板：选择【窗口】|【动作】命令，可以打开【动作】面板。在该

面板中，左侧是路径目录形式，右侧是参数设置区域和脚本编写区域。用户可以在右侧编写区域中直接编写脚本。

● 【动画预设】面板：选择【窗口】|【动画预设】命令，可以打开【动画预设】面板。在该面板中，用户可以对所选对象设置预设动画效果。

1.3.7 舞台

舞台是用户进行动画创作的可编辑区域，可以在其中直接绘制插图，也可以在舞台中导入需要的插图、媒体文件等，其默认状态是一副白色的画布状态。

舞台上端为编辑栏，包含了正在编辑的对象名称、【编辑场景】按钮、【编辑元件】按钮、【舞台居中】按钮、【剪切掉舞台范围以外的内容】按钮、缩放数字框100% 等元素。编辑栏的上方是标签栏，上面标示着文档的名字。

要修改舞台的属性，选择【修改】|

【文档】命令，打开【文档设置】对话框，根据需要修改舞台的尺寸大小、颜色、帧频等信息后，单击【确定】按钮即可。

1.4 设置工作环境

为了提高工作效率，使软件最大程度地符合个人的操作习惯，用户可以在动画制作之前先对Animate CC的工作界面、首选参数等选项进行相应设置。

1.4.1 手动调整工作界面

在实际操作使用Animate CC软件时，常常需要调整某些面板或窗口的大小。例如，想仔细查看舞台中的内容时，就需要将舞台放大。将光标移至工作界面中的【工具】面板和舞台窗口之间时，其光标指针会变为左右双向箭头，此时按住鼠标左键左右拖动，可以横向改变【工具】面板和舞台的宽度。

当光标移至工作界面中的【时间轴】面板和舞台窗口之间时，其光标指针会变为上下双向箭头，此时按住鼠标左键上下拖动，可以纵向改变【时间轴】面板和舞台的高度。

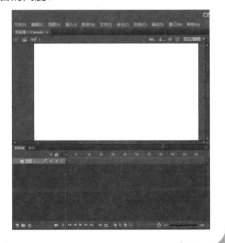

1.4.2 自定义工作界面

Animate CC允许用户自定义属于自己的工作界面。用户可以将适合自己的工作界面保存，这样下次就可以进入专属于自己的工作界面。

首先打开Animate CC软件，新建一个文档进入默认工作界面。

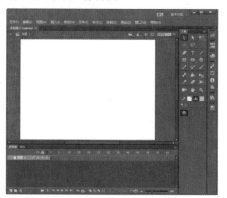

在标题栏上单击【基本功能】按钮，在下拉菜单中选择【传统】选项，改变工作区模式。

此时工作界面变为【传统】模式，如下图所示。

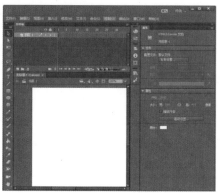

单击面板中的【库】按钮，展开【库】面板。

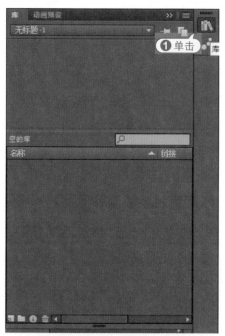

拖动【库】面板到【属性】面板的标签上，放开鼠标即可将【库】面板和【属性】面板放置在同一面板中，单击【库】面板标签，显示【库】面板内容。

拖动【工具】面板到舞台窗口上，如下图所示。

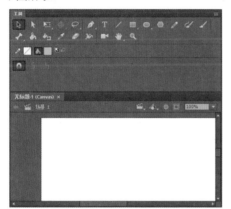

将【时间轴】面板拖动到舞台窗口下，最后的工作界面如下图所示。

1.4.3 设置首选参数

用户可以在【首选参数】对话框中对Animate CC中的常规应用程序操作、编辑操作和剪贴板操作等参数选项进行设置。选择【编辑】|【首选参数】命令，打开【首选参数】对话框，用户可以在不同的选项卡中设置不同的参数选项。

1.5 进阶实战

本章的进阶实战部分为设置Animate CC工作界面这个综合实例操作，用户通过练习可以巩固本章所学知识。

【例1-1】设置Animate CC工作界面。
🔵 视频 ▸

01 启动Animate CC 2017，新建一个文档。

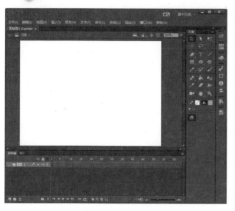

02 选择【窗口】|【工作区】|【新建工作区】命令，打开【新建工作区】对话框，在【名称】文本框中输入工作区名称"我的工作区"，然后单击【确定】按钮。

03 选择【窗口】|【属性】命令，打开【属性】面板，拖动【属性】面板至文档底部位置，当显示蓝边的半透明条时释放鼠标，【属性】面板将停放在文档底部位置。

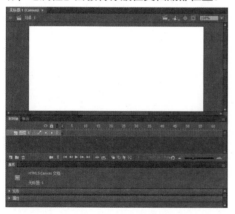

04 选择【窗口】|【颜色】命令，打开【颜色】面板，将【颜色】面板拖动到窗口右侧，当显示蓝边的半透明条时释放鼠标，

【颜色】面板将停放在文档右侧位置。

05 选择【窗口】|【库】命令，打开【库】面板，拖动【库】面板到【颜色】面板的标题栏上，当显示蓝边的半透明条时释放鼠标，【库】面板将停放在【颜色】面板的里面。

06 选择【窗口】|【时间轴】命令，将【时间轴】面板拖动到最上面。

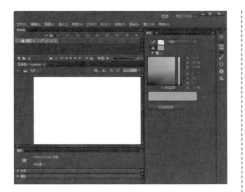

07 选择【窗口】|【信息】命令，单击【信息】面板上的【折叠为图标】按钮 。

08 此时【信息】面板显示为图标模式。使用相同方法，将【对齐】、【样本】、【变形】、【动画预设】面板都折叠为图标，并拖动入【信息】图标，使其组成一个图标组。

09 单击【展开面板】按钮 ，展开面板。

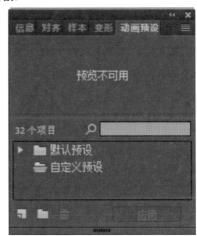

10 单击 按钮，在下拉菜单中选择【锁定】选项。

11 此时面板组显示为锁定状态，无法移动和控制大小，只有再次单击 按钮，在下拉菜单中选择【解除锁定】选项，才可以恢复原状。

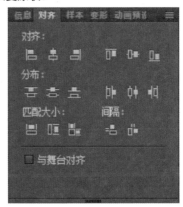

12 如要需要删除自定义的工作界面，可以选择【窗口】|【工作区】|【删除工作区】命令，或者单击标题栏的工作区切换按钮，在下拉菜单中选择【删除工作区】命令。

13 此时弹出【删除工作区】对话框，选择名称为【我的工作区】的选项，单击【确定】按钮，即可删除刚才自定义的工作界面。

1.6 疑点解答

◆│问：如何自定义快捷键？

答：使用快捷键可以使制作动画的过程更加流畅，提高工作效率。在默认情况下，Animate CC使用的是Animate CC应用程序专用的内置快捷键方案，用户也可以根据自己的需要和习惯自定义快捷键方案。选择【编辑】|【快捷键】命令，打开【键盘快捷键】对话框，可以在【命令】选项区域中设置具体操作对应的快捷键。

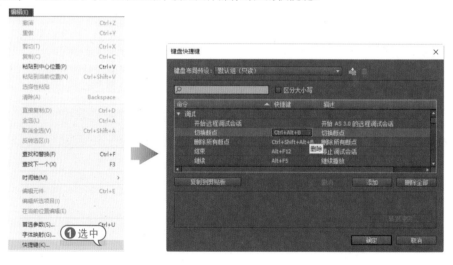

第2章

Animate的基本操作

启动 Animate CC之后，首先创建一个新的项目文档，Animate CC支持诸如 FLA、SWF、HTML5等格式的文档。本章主要介绍在Animate CC中新建、打开、保存文档以及使用模板、舞台等基本操作内容。

例2-1 新建空白文档
例2-2 文档的基本操作

对应光盘视频

2.1 新建Animate CC文件

Animate CC支持很多格式的文档，在 Animate 中，用户可以处理各种文件类型，首先学习新建Animate CC文件的方法。

2.1.1 Animate CC支持的文件格式

在 Animate 中，用户可以处理各种文件类型，每种文件类型的用途各不相同。

🔵 FLA 文件：FLA 文件是在 Animate 中使用的主要文件，其中包含 Animate 文档的基本媒体、时间轴和脚本信息。媒体对象是组成 Animate 文档内容的图形、文本、声音和视频对象。时间轴用于告诉 Animate 应何时将特定媒体对象显示在舞台上。用户可以将 ActionScript代码添加到 Animate 文档中，以便更好地控制文档的行为并使文档对用户交互做出响应。

🔵 未压缩的 XFL 文件：与 FLA 文件类似，XFL 文件和同一文件夹中的其他关联文件只是 FLA 文件的等效格式。通过此格式，多组用户可以更方便地同时处理同一个 Animate 项目的不同元件。

🔵 SWF 文件：SWF文件是在网页上显示的文件。当用户发布 FLA 文件时，Animate 将创建一个 SWF 文件。

🔵 AS 文件：AS 文件是 ActionScript文件，可以使用这些文件将部分或全部 ActionScript 代码放置在 FLA 文件之外，这对于代码组织和有多人参与开发 Animate 内容不同部分的项目很有帮助。

🔵 JSFL 文件：JSFL 文件是 JavaScript文件，可用来向 Animate 创作工具添加新功能。

🔵 HTML5 Canvas文件：Animate 中新增了一种文档类型——HTML5 Canvas，它对创建丰富的交互性 HTML5 内容提供本地支持。这意味着可以使用传统Animate 时间轴、工作区及工具来创建内容，而生成的是 HTML5 输出。Canvas 是 HTML5 中的一个新元素，它提供了多个 API，可以动态生成及渲染图形、图表、图像及动画。HTML5 的 Canvas API 提供二维绘制功能，它的出现使HTML5 平台更为强大。如今的大多数操作系统和浏览器都支持这些功能。

🔵 WebGL文件：WebGL 是一个无须额外插件便可以在任何兼容浏览器中显示图形的开放的Web标准。在 Animate CC 中，针对 WebGL 新增了一种文档类型。这就使得用户可以创建内容并将其快速发布为WebGL 文件。用户可以使用传统的 Animate 时间轴、工作区及绘画工具实现 WebGL 内容的本地创作和生成。

2.1.2 新建Animate 文档

使用 Animate CC可以创建新的文档或打开以前保存的文档，也可以在工作时打开新的窗口并且设置新建文档或现有文档的属性。

创建一个 Animate CC动画文档有新建空白文档和新建模板文档两种方式。

1 新建空白文档

用户可以选择【文件】|【新建】命令，打开【新建文档】对话框进行新建文档操作。

【例2-1】在Animate CC里新建一个空白文档。 🔴视频

01 启动Animate CC，打开【新建文档】

对话框，在【常规】选项卡里的【类型】列表框中选择需要新建的文档类型，这里选择【HTML5 Canvas】文档类型，然后单击右侧的【背景颜色】色块。

02 弹出调色面板，选取绿色，返回至【新建文档】对话框，单击【确定】按钮。

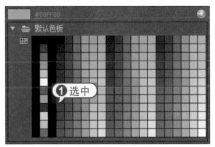

03 此时即可创建一个名为【无标题-1(Canvas)*】的空白文档，舞台背景颜色为绿色。

2 新建模板文档

除了创建空白的新文档外，还可以利用Animate CC内置的多种类型模板，快速创建具有特定应用的Animate CC文档。

如果用户需要从模板新建文档，可以选择【文件】|【新建】命令，打开【新建文档】对话框，单击【模板】选项卡，在【类别】列表框中选择创建的模板文档类别，在【模板】列表框中选择一种模板样式，然后单击【确定】按钮。

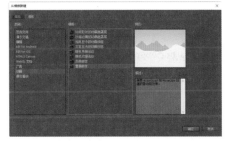

此时即可新建一个具有模板内容的文档，如下图所示为选择【雪景脚本】模板后创建的一个新文档。

2.2 文档的基础操作

在使用Animate CC创建文档前，用户需要掌握文档的一些基本操作，包括保存、打开和关闭文档等。只有熟悉这些基本操作后，才能更好地操控Animate CC。

2.2.1 打开和关闭文档

选择【文件】|【打开】命令，打开

【打开】对话框，选择要打开的文件，然后单击【打开】按钮，即可打开选中的Animate CC文档。

如果同时打开了多个文档，单击文档标签，即可在多个文档之间切换。

如果要关闭单个文档，只需要单击标签栏上的 ✕ 按钮即可将该Animate文档关闭。如果要关闭整个Animate CC软件，只需单击界面上标题栏的【关闭】按钮即可。

2.2.2 保存文档

在完成对Animate CC文档的编辑和修改后，需要对其进行保存操作。选择【文件】|【保存】命令，打开【另存为】对话框。在该对话框中设置文件的保存路径、文件名和文件类型后，单击【保存】按钮即可。

用户还可以将文档保存为模板以便以后使用，选择【文件】|【另存为模板】命令，打开【另存为模板】对话框。在【名称】文本框中输入模板的名称，在【类别】下拉列表框中选择类别或新建类别名称，在【描述】文本框中输入模板的说明，然后单击【保存】按钮，即可以模板模式保存文档。

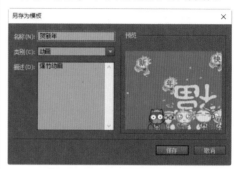

用户还可以选择【文件】|【另存为】命令，打开【另存为】对话框，设置保存的路径和文件名，单击【保存】按钮，完成保存文档的操作。这种保存方式主要用来将已经保存过的文档进行换名或修改保存路径操作。

文件(F)	编辑(E)	视图(V)	插入(I)	修改(M)

新建(N)...	Ctrl+N
打开	Ctrl+O
在 Bridge 中浏览	Ctrl+Alt+O
打开最近的文件(P)	>
关闭(C)	Ctrl+W
全部关闭	Ctrl+Alt+W
painter@adobe.com	>
保存(S)	Ctrl+S
另存为(A)...	Ctrl+Shift+S
另存为模板(T)...	
全部保存	
还原(R)	
导入(I)	>
导出(E)	>
发布设置(G)...	Ctrl+Shift+F12
发布(B)	Shift+Alt+F12
AIR 设置...	
ActionScript 设置...	
退出(X)	Ctrl+Q

2.3 设置舞台

舞台是创建 Animate 文档时放置图形内容的矩形区域。创作环境中的舞台相当于 Flash Player 或Web 浏览器窗口中在播放期间显示文档的矩形空间。 要在工作时更改舞台的视图，可以使用放大和缩小功能。若要在舞台上定位项目，可以使用网格、辅助线和标尺等舞台工具。

2.3.1 缩放舞台

要在屏幕上查看整个舞台，或要以高缩放比率查看绘图的特定区域，可以更改缩放比率级别。最大的缩放比率取决于显示器的分辨率和文档大小。

🔹 若要放大某个元素，选择【工具】面板中的【缩放工具】 ，然后单击该元素。若要在放大或缩小之间切换"缩放"工具，请使用【放大】 或【缩小】功能键 (当【缩放工具】处于选中状态时位于【工具】面板的选项区域中)。

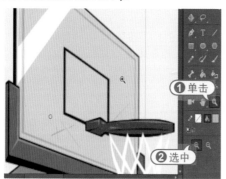

①单击
②选中

🔹 要进行放大以使绘图的特定区域填充窗口，可以使用【缩放】工具在舞台上拖出一个矩形选取框。

🔹 要放大或缩小整个舞台，可以选择【视图】|【放大】或【视图】|【缩小】命令。

🔹 要放大或缩小特定的百分比，可以选择【视图】|【缩放比率】，然后从子菜单中选择一个百分比，或者从文档窗口右上角的"缩放"控件中选择一个百分比。

🔹 要缩放舞台以完全适合应用程序窗口，可以选择【视图】|【缩放比率】|【符合窗口大小】命令。

🔹 要显示整个舞台，可以选择【视图】|【缩放比率】|【显示帧】命令，或从文档窗口右上角的【缩放】控件中选择【显示帧】命令。

🔹 【属性】面板中的【缩放内容】复选框允许用户根据舞台大小缩放舞台上的内容。选中此选项后，如果调整了舞台大小，其中的内容便会随舞台同比例调整大小。

2.3.2 旋转舞台

Animate CC 推出一种新的【旋转】工具，允许用户临时旋转舞台视图，以特定角度进行绘制，而不用像【自由变换】工具那样，需要永久旋转舞台上的实际对象。不管当前已选中哪种工具，用户都可以采用以下方法快速旋转舞台：同时按住 Shift 和 Space 键，然后拖动鼠标使视图旋转。使用【旋转】工具旋转舞台的方法如下。

01 选择与【手形工具】位于同一组的【旋转工具】。

02 选中旋转工具后，屏幕上会出现一个十字形的旋转轴心点，用力可以更改轴心点的位置。

03 设置好轴心点后，即可围绕轴心点拖动鼠标来旋转视图。

04 要将舞台重设为其默认视图，可单击【舞台居中】按钮 。

2.3.3 舞台的辅助工具

舞台中还提供了辅助工具，用来在舞台上精确地绘制和排列对象。

1 标尺

标尺显示在舞台设计区内的上方和左侧，用于显示尺寸。用户选择【视图】|【标尺】命令，可以显示或隐藏标尺。

用户可以更改标尺的度量单位，将其默认单位(像素)更改为其他单位。在显示标尺的情况下移动舞台上的元素时，将在标尺上显示几条线，标示该元素的尺寸。要指定文档的标尺度量单位，可以选择【修改】|【文档】命令，然后从弹出的【文档设置】对话框的【单位】下拉列表中选择一个度量单位。

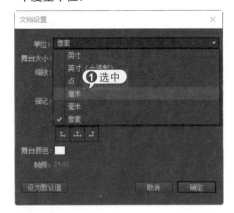

2 辅助线

辅助线用于对齐文档中的各种元素。用户只需将光标置于标尺栏上方，然后按住鼠标左键，向下拖动到执行区内，即可添加辅助线。

● 要显示或隐藏辅助线，可以选择【视图】|【辅助线】|【显示辅助线】命令。

● 要移动辅助线，可以使用【选取】工具单击标尺上的任意一处，将辅助线拖到舞台上需要的位置。

● 要锁定辅助线，可以选择【视图】|【辅助线】|【锁定辅助线】命令。

● 要清除辅助线，可以选择【视图】|【辅助线】|【清除辅助线】命令。如果在文档编辑模式下，则会清除文档中的所有辅助线。如果在元件编辑模式下，则只会清除元件中使用的辅助线。

● 要删除辅助线，可以在辅助线处于解除锁定状态时，使用【选取】工具将辅助线拖到水平或垂直标尺上。

选择【视图】|【辅助线】|【编辑辅助线】命令，可以打开【辅助线】对话框，在其中设置辅助线的颜色、显示、锁定等选项。

3 网格

网格是用来对齐图像的网状辅助线工具。选择【视图】|【网络】|【显示网格】命令，即可在文档中显示或隐藏网格线。

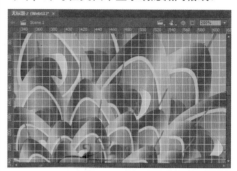

选择【视图】|【网络】|【编辑网格】命令，将打开【网格】对话框，在其中可以设置网格的各种属性。

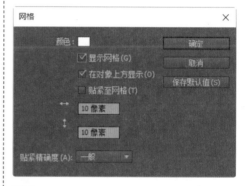

4 贴紧

Animate CC提供了贴紧功能，用户可以进行贴紧辅助线、贴紧至网格、贴紧至像素等操作。

● 要打开或关闭贴紧至辅助线，可以选择【视图】|【贴紧】|【贴紧至辅助线】命令。当辅助线处于网格线之间时，贴紧至辅助线优先于贴紧至网格。

● 要打开或关闭贴紧至网格线，可以选择【视图】|【贴紧】|【贴紧至网格】命令。

● 要打开或关闭贴紧至像素，可以选择【视图】|【贴紧】|【贴紧至像素】命令。

● 要打开或关闭贴紧至对象，可以选择【视图】|【贴紧】|【贴紧至对象】命令。

2.4　Animate的工作流程

在制作Animate CC文档的过程中，通常需要执行一些基本步骤，包括计划应用程序、创建并导入媒体元素、使用 ActionScript 控制行为等流程。

要构建 Animate CC 应用程序，通常需要执行下列基本步骤。

- 计划应用程序。
- 确定应用程序要执行哪些基本任务。
- 添加媒体元素。
- 创建并导入媒体元素，如图像、视频、声音和文本等。
- 排列元素。
- 在舞台上和时间轴中排列这些媒体元素，以定义它们在应用程序中显示的时间和方式。
- 应用特殊效果。
- 根据需要应用图形滤镜(如模糊、发光和斜角)、混合和其他特殊效果。
- 编写 ActionScript代码以控制媒体元素

的行为方式，包括这些元素对用户交互的响应方式。

- 测试并发布应用程序。
- 测试 FLA 文件(【控制】|【测试影片】)以验证应用程序是否按预期工作，查找并纠正所遇到的错误。在整个创建过程中应不断测试应用程序。用户可以在 Animate 和 AIR Debug Launcher 中测试文件。
- 将 FLA 文件(【文件】|【发布】)发布为可在网页中显示并可使用 Flash Player 播放的 SWF 文件。

根据项目和工作方式，用户可以按不同的顺序使用上述步骤。

2.5　设置首选参数和撤销操作

用户可以为常规的应用程序操作设置首选参数，包括编辑操作、代码和编译器操作、同步设置等。此外使用撤销、重做和重复等命令可以提高工作效率。

2.5.1　设置首选参数

选择【编辑】|【首选参数】命令打开【首选参数】对话框，在默认打开的【常规】选项卡中可以设置常规参数。

- 文档或对象层级撤销：文档层级撤销的操作用来维护一个列表，其中包含用户对整个 Animate 文档的所有动作。对象层级撤销为用户针对文档中每个对象的动作单独维护一个列表。使用对象层级撤销可以撤销针对某个对象的动作，而无须另外撤销针对修改时间比目标对象更近的其他对象的动作。

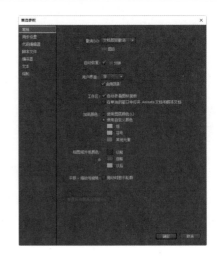

💧 层级：若要设置撤销或重做的级别数，输入一个2～300之间的值。撤销级别需要消耗内存，使用的撤销级别越多，占用的系统内存就越多。默认值为100。

💧 自动恢复：此设置会以指定的时间间隔将每个打开文件的副本保存在原始文件所在的文件夹中。如果尚未保存文件，Animate 会将副本保存在其 Temp 文件夹中。将"RECOVER_"添加到该文件名前，使文件名与原始文件相同。如果 Animate 意外退出，则在重新启动后要求打开自动恢复文件时，会出现一个对话框。正常退出 Animate 时，会自动删除恢复文件。

进阶技巧

从 Animate CC 2015 发行版开始，Animate 不会创建不必要的自动恢复文件。在最后一次创建了自动恢复文件之后，只有在文档被修改时，才会创建自动恢复文件。只有在成功完成保存操作后，才会删除自动恢复文件。要避免在短时间内连续进行自动恢复，可在每次自动恢复间隔对最后一次创建自动恢复文件之后的所有文件生成快照。仅在此过程完成之后，才会启动下一次自动恢复计时器。

💧 用户界面：用于设置用户界面的风格，可以选择【深】或【浅】。若要对用户界面元素应用阴影，可选择【启用阴影】选项。

💧 工作区：若要在单击处于图标模式中的面板的外部时使这些面板自动折叠，可以选中【自动折叠图标面板】复选框。若要在选择【控制】|【测试】后打开一个单独的窗口，可以选中【在单独的窗口中打开Animate和脚本文档】复选框。默认情况下是在其自己的窗口中打开并测试影片。

💧 加亮颜色：若要使用当前图层的轮廓颜

色，请从面板中选择一种颜色，或者选择【使用图层颜色】。

在【同步设置】选项卡中，用户可以指定相关设置，用于将 Animate 与用户的 Creative Cloud 账户和库实现同步。

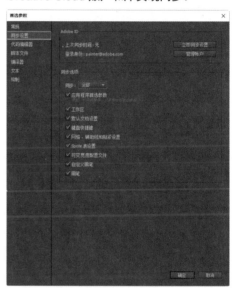

在【代码编辑器】选项卡中，用户可以设置代码在 Animate 中如何显示。

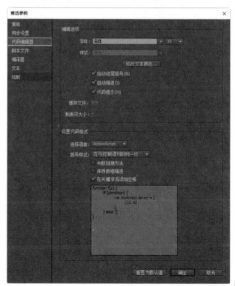

在【脚本文件】选项卡中，用户可以为脚本文件设置导入选项。

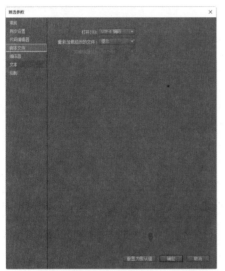

在【编译器】选项卡中，允许用户针对自己选定的语言设置以下编译器首选参数。

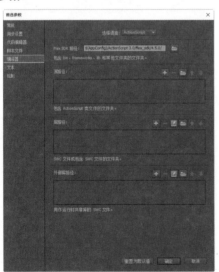

在【文本】和【绘制】选项卡中，允许用户针对文本显示和绘制工具等指定首选参数。

2.5.2 撤销、重做和历史记录

使用撤销、重做和重复命令或者历史记录面板可以重做或撤销前面的操作，大大提高工作效率。

1 撤销、重做和重复命令

要在当前文档中撤销或重做对个别对象或全部对象执行的动作，需要指定对象层级或文档层级的【撤销】和【重做】命令(【编辑】|【撤销】或【编辑】|【重做】命令)。默认行为是文档层级【撤销】和【重做】。

要选择对象级或文档级撤销选项，可执行以下操作：选择【编辑】|【首选参数】命令，打开【首选参数】对话框，在【常规】选项卡中，选择【撤销】下拉菜单中需要的选项。

要将某个步骤重复应用于同一对象或不同对象，可以使用【重复】命令。例如，如果移动了名为【shape_A】的形状，选择【编辑】|【重复】命令可以再次

移动该形状；或者选择另一形状【shape_B】，然后选择【编辑】|【重复】命令将第二个形状移动相同的幅度。

默认情况下，在使用【编辑】|【撤销】命令或【历史记录】面板撤销步骤时，文档的文件大小不会改变(即使从文档中删除了项目)。例如，如果将视频文件导入文档，然后撤销导入，则文档的文件大小仍然包含视频文件的大小。执行【撤销】命令时从文档中删除的任何项目都将保留，以便可以使用【重做】命令恢复。

> **进阶技巧**
>
> 使用对象级撤销时不能撤销某些动作。这些动作包括进入和退出【编辑】模式，选择、编辑和移动库项目，以及创建、删除和移动场景。

2 使用【历史记录】面板

使用【窗口】|【历史记录】命令打开【历史记录】面板，该面板显示自创建或打开某个文档以来在该活动文档中执行的步骤的列表，列表中的数目最多为指定的最大步骤数。

使用【历史记录】面板需要注意以下事项。

💬 要一次撤销或重做一个或多个步骤，可以将【历史记录】面板中的步骤应用于文档中的同一对象或不同对象。但是，不能重新排列【历史记录】面板中的步骤顺序。【历史记录】面板按步骤的执行顺序

来记录步骤。

💬 默认情况下，Animate的"历史记录"面板支持的撤销级别数为100。用户可以在Animate的【首选参数】对话框中选择撤销和重做的级别数。

💬 要擦除当前文档的历史记录列表，请清除【历史记录】面板。清除历史记录列表后，就无法撤销已清除的步骤。清除历史记录列表不会撤销步骤，而是从当前文档的内存中删除那些步骤的记录。

💬 要撤销执行的上一个步骤，请将【历史记录】面板的滑块在列表中向上拖动一个步骤。要一次撤销多个步骤，请拖动滑块指向任意步骤，或在沿着滑块路径的某个步骤的左侧单击。滑块会自动滚动到该步骤，并在滚动的同时会撤销所有后面的步骤。

💬 在【历史记录】面板中，选择一个步骤，然后单击【重放】按钮，可以重放该步骤。还可以从一个步骤拖动到另一步骤，单击【重放】按钮，顺次重放这些步骤，并在【历史记录】面板中显示一个新步骤，标记为【重放步骤】。

每个打开的文档都有自己的步骤历史记录。要从一个文档中复制步骤，然后将它们粘贴到另一文档中，请使用【历史记录】面板选项菜单中的【复制步骤】命令。如果将步骤复制到文本编辑器中，这些步骤将会以JavaScript代码的形式粘贴。

01 在包含要重复使用的步骤的文档中，从【历史记录】面板中选择步骤。

02 单击▦按钮，打开选项菜单，选择【复制步骤】命令。

03 打开要在其中粘贴步骤的文档，选择要应用步骤的对象。选择【编辑】|【粘贴】以粘贴步骤。步骤会在粘贴到文档的【历史记录】面板时重放。【历史记录】面板将这些步骤仅显示为一个步骤，称为"粘贴步骤"。

2.6 进阶实战

本章的进阶实战部分为文档操作综合实例，用户通过练习可以巩固本章所学知识。

【例2-2】 练习Animate CC文档的一些基本操作。

⏺视频+素材（光盘素材\第02章\例2-2）

01 启动Animate CC，选择【文件】|【打开】命令，打开【打开】对话框。选择要打开的文档【夜】，单击【打开】按钮。

02 打开文档，右击舞台中央，在弹出的

快捷菜单中选择【文档】命令。

03 打开【文档设置】对话框。在【帧频】文本框中输入数值"15"，设置【背景颜色】为红色，单击【确定】按钮。

04 此时文档背景颜色变为红色，效果如下图所示。

05 选择【视图】|【标尺】命令，显示标尺，围绕在舞台周围。

06 选择【视图】|【网络】|【显示网格】命令，显示网格线。

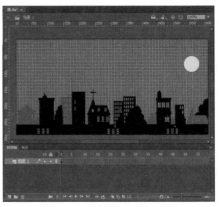

07 重新选择【视图】|【网络】|【显示网格】命令，取消显示网格线。

08 将鼠标光标置于标尺栏上方，然后按住鼠标左键，向下拖动到舞台内，即可添加辅助线。

09 选择【视图】|【辅助线】|【清除辅助线】命令清除辅助线。

10 选择【文件】|【另存为模板】命令，打开【另存为模板】对话框。在【名称】文本框中输入保存的模板名称为"日暮"，在【类别】文本框中输入保存的模板类别为【动画】，在【描述】列表框中输入关于保存模板的说明内容。然后单击【保存】按钮。

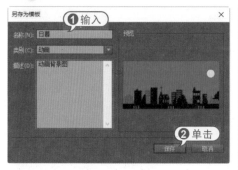

11 选择【文件】|【另存为】命令，修改文件名为"日暮"，单击【保存】按钮即可另存为新文档。

2.7 疑点解答

● 问：如何新建WebGL 文档？

答：要创建 WebGL 文档，启动 Animate CC，在欢迎屏幕上单击【WebGL(预览)】按钮。也可以选择【文件】|【新建】命令打开【新建文档】对话框，选择【WebGL(预览)】选项，单击【确定】按钮，即可创建WebGL 文档。

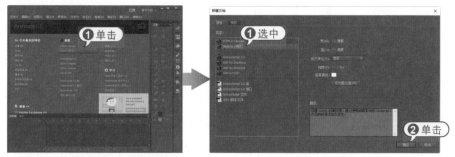

● 问：如何移动舞台视图？

答：要在不更改缩放比例的情况下更改视图，可以使用【手形】工具移动舞台。在【工具】面板中，选择【手形】工具并拖动舞台。 要临时在其他工具和【手形】工具之间切换，可以在按住空格键的同时单击【工具】面板中的该工具。

第3章

绘制基础图形

Animate CC提供了很多简单而强大的绘图工具来绘制矢量图形，可供用户绘制各种形状、线条以及填充颜色。本章将介绍Animate CC绘制基础图形的相关知识。

对应光盘视频

例3-1 绘制汽车
例3-2 填充颜色

3.1 绘制简单图形

Animate CC【工具】面板提供了许多工具用于绘制简单的图形，主要包括线条和几何类图形。

3.1.1 矢量图和位图

在Animate CC中绘制的图形，通常分为位图图像和矢量图形两种类型。

1 位图

位图，也叫作点阵图或栅格图像,是由称作像素(图片元素)的单个点组成的。当放大位图时，可以看见构成整个图像的无数单个方块。扩大位图尺寸的效果是增多单个像素，从而使线条和形状显得参差不齐。简单地说，就是最小单位是由像素构成的图，缩放后会失真。如下图所示，将位图放大后，就会显得模糊不清晰。

位图是由像素阵列的排列来实现其显示效果的，每个像素有自己的颜色信息。

在对位图图像进行编辑操作时，操作的对象是像素，用户可以改变图像的色相、饱和度、明度，从而改变图像显示效果，所以位图的色彩是非常艳丽的，常用于色彩丰富度或真实感比较高的场所。

2 矢量图

矢量图，也称为向量图。在数学上定义为一系列由直线或者曲线连接的点，而电脑是根据矢量数据计算生成的。所以矢量图形文件体积一般较小，电脑在显示和存储矢量图的时候只是记录图形的边线位置和边线之间的颜色，而图形的复杂与否将直接影响矢量图文件的大小，与图形的尺寸无关，简单来说也就是矢量图是可以任意放大缩小的，在放大和缩小后图形的清晰度都不会受到影响。

综上所述，矢量图与位图最大的区别在于：矢量图的轮廓形状更容易修改和控制，且线条工整并可以重复使用，但是对于单独的对象，色彩上变化的实现不如位图方便直接；位图色彩变化丰富，编辑位图时可以改变任何形状区域的色彩显示效果，但对轮廓的修改不太方便。

3.1.2 绘制线条图形

矢量线条是构成图形基础的元素之一，在Animate CC中，矢量线条绘图工具主要包括【线条工具】、【铅笔工具】、【钢笔工具】等。

1 使用【线条工具】

在Animate中，【线条工具】主要用于绘制不同角度的矢量直线。在【工具】面板中选择【线条工具】，将光标移动到舞台上，会显示为十字形状，按住鼠标左键向任意方向拖动，即可绘制一条直线。

按住Shift键，然后按住鼠标左键向左或向右拖动，可以绘制水平线条。

按住Shift键，按住鼠标左键向上或向下拖动，可以绘制垂直线条。
按住Shift键，按住鼠标左键斜向拖动可绘制以45°角增量倍数的直线。

选择【线条工具】以后，在菜单栏里选择【窗口】|【属性】命令，打开【线条工具】的【属性】面板，在该面板中可以设置线条的填充颜色、线条的笔触样式、线条大小等参数选项。

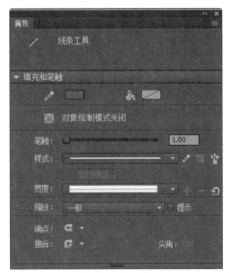

该面板主要参数选项的具体作用如下。

● 【填充和笔触】：可以设置线条的笔触

和线条内部的填充颜色。

🔹【笔触】：可以设置线条的笔触大小，也就是线条的宽度，用鼠标拖动滑块或在后面的文本框内输入数值可以调节笔触大小。

🔹【样式】：可以设置线条的样式，例如虚线、点状线、锯齿线等。可以单击右侧的【编辑笔触样式】按钮🖋，打开【笔触样式】对话框，在该对话框中可以自定义笔触样式。

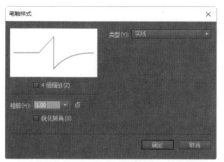

🔹【宽度】：可以设置线条的宽度，Animate提供了6种宽度配置文件，可以绘制更多样式的线条。

🔹【端点】：设置线条的端点样式，可以选择【无】、【圆角】或【方型】端点样式。

🔹【接合】：可以设置两条线段相接处的拐角端点样式，可以选择【尖角】、【圆角】或【斜角】样式。

2 使用【铅笔工具】

使用【铅笔工具】可以绘制任意线条，在【工具】面板中选择【铅笔工具】🖊后，在所需位置按下鼠标左键拖动即可绘制线条。在使用【铅笔工具】绘制线条时，按住Shift键，可以绘制水平或垂直方向的线条。

选择【铅笔工具】后，在【工具】面板中会显示【铅笔模式】按钮🔽。单击该按钮，会打开模式选择菜单。在该菜单中，可以选择【铅笔工具】的绘图模式。

在【铅笔模式】选择菜单中，3个选项的具体作用如下。

🔹【伸直】：可以使绘制的线条尽可能地规整为几何图形。

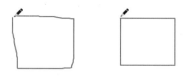

🔹【平滑】：可以使绘制的线条尽可能地消除线条边缘的棱角，使线条更加光滑。

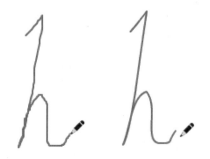

🔹【墨水】：可以使绘制的线条更接近手写的感觉，在舞台上可以任意勾画。

选择【铅笔工具】后，在菜单栏里选择【窗口】|【属性】命令，打开【铅笔工具】的【属性】面板，在该面板中可以设置铅笔颜色以及笔触样式、大小等参数选项。

3 使用【钢笔工具】

【钢笔工具】常用于绘制比较复杂、精确的曲线路径。"路径"由一个或多个直线段和曲线段组成，线段的起始点和结束点由锚点标记。使用【工具】面板中的【钢笔工具】，可以创建和编辑路径，以便绘制出需要的图形。

选择【钢笔工具】，当光标变为形状时，在舞台中单击确定起始锚点，再选择合适的位置单击确定第2个锚点，这时系统会在起点和第2个锚点之间自动连接一条直线。如果在创建第2个锚点时按下鼠标左键并拖动，会改变连接两个锚点直线的曲率，使直线变为曲线。

单击【钢笔】工具按钮，会弹出下拉菜单，包含【钢笔工具】、【添加锚点工具】、【删除锚点工具】和【转换锚点工具】，其作用如下。

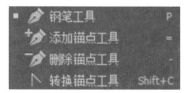

【添加锚点工具】：选择要添加锚点的图形，然后单击该工具按钮，在图形上单击即可添加一个锚点。

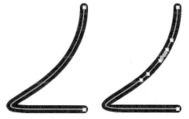

【删除锚点工具】：选择要删除锚点的图形，然后单击该工具按钮，在锚点上单击即可删除一个锚点。

【转换锚点工具】：选择要转换锚点的图形，然后单击该工具按钮，在锚点上单击即可实现曲线锚点和直线锚点间的转换。

【钢笔】工具在绘制图形的过程中，主要会显示以下几个绘制状态。

初始锚点指针：这是选中【钢笔】工具后，在设计区内看到的第一个光标指针，是创建新路径的初始锚点。

连续锚点指针：这是指示下一次单击鼠标将创建一个锚点，和前面的锚点以直线相连接。

🔲 添加锚点指针 ▹₊：用来指示下一次单击鼠标时在现有路径上添加一个锚点。添加锚点必须先选择现有路径，并且光标停留在路径的线段上而不是锚点上。

🔲 删除锚点指针 ▹₋：用来指示下一次在现有路径上单击鼠标时将删除一个锚点，删除锚点必须先选择现有路径，并且光标停留在锚点上。

🔲 连续路径锚点 ▹：从现有锚点绘制新路径，只有在当前没有绘制路径时，光标位于现有路径的锚点的上面，才会显示该状态。

🔲 闭合路径指针 ▹。：在当前绘制的路径起始点处闭合路径，只能闭合当前正在绘制的路径的起始锚点。

🔲 回缩贝塞尔手柄指针 ▹：当光标放在贝塞尔手柄的锚点上显示为该状态，单击鼠标时则会回缩贝塞尔手柄，并将穿过锚点的弯曲路径变为直线段。

🔲 转换锚点指针 ▹：该状态将不带方向线的转角点转换为带有独立方向线的转角点。

知识点滴

要结束开放曲线的绘制，可以双击最后一个绘制的锚点，也可以按住Ctrl键单击舞台中的任意位置；要结束闭合曲线的绘制，可以移动光标至起始锚点位置上，当光标显示为 ▹。形状时在该位置单击，即可闭合曲线并结束绘制操作。

◀━━ 【例3-1】使用【钢笔工具】绘制一辆汽车。

🔵 视频+素材 (光盘素材\第03章\例3-1)
◀━ ━ ━ ━ ━ ━ ━ ━ ━ ━

🔲 启动Animate CC，选择【文件】|【新建】命令，打开【新建文档】对话框，选择【ActionScript 3.0】选项，单击【确定】按钮，创建空白文档。

🔲 选择【文件】|【保存】命令，打开【另存为】对话框，将其命名为"使用钢笔工具"，然后单击【保存】按钮。

🔲 在【工具】面板中选择【钢笔工具】，单击面板中的【属性】按钮，打开其【属性】面板，设置笔触颜色为黑色，笔触大小设置为"2"。

🔲 使用【钢笔工具】在舞台中绘制汽车外形的轮廓。

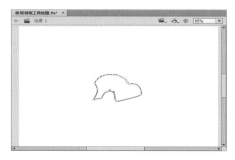

05 继续使用【钢笔工具】，调整锚点，将汽车其他内饰和轮胎绘制出来，注意将线段连接起来，形成闭合图形。

06 选择【文件】|【保存】命令，保存该文档。

4 使用【画笔工具】

【画笔工具】用于绘制形态各异的矢量色块或创建特殊的绘制效果。

选择【画笔工具】，打开其【属性】面板，可以设置【画笔工具】的绘制大小、平滑度属性以及颜色等。

选择【画笔工具】，在【工具】面板中会显示【对象绘制】、【锁定填充】、【画笔大小】、【画笔形状】和【画笔模式】等选项按钮。这些选项按钮的作用分别如下

● 【对象绘制】按钮：单击该按钮将切换到对象绘制模式。在该模式下绘制的色块是独立对象，即使和以前绘制的色块相重叠，也不会合并起来。

● 【锁定填充】按钮：单击该按钮，将会自动将上一次绘图时的笔触颜色变化规律锁定，并将该规律扩展到整个舞台。在非锁定填充模式下，任何一次笔触都将包含一个完整的渐变过程，即使只有一个点。

● 【画笔大小】按钮：单击该按钮，会弹出下拉列表，有8种刷子的大小供用户选择。

● 【画笔形状】按钮：单击该按钮，会弹出下拉列表，有9种画笔的形状供用户选择。

● 【画笔模式】按钮：单击该按钮，会弹出下拉列表，有5种画笔的模式供用户选择。

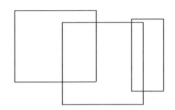

【画笔工具】的5种模式具体作用如下。

 【标准绘画】模式：绘制的图形会覆盖下面的图形。

 【颜料填充】模式：可以对图形的填充区域或者空白区域进行涂色，但不会影响线条。。

 【后面绘画】模式：可以在图形的后面进行涂色，而不影响原有线条和填充。

 【颜料选择】模式：可以对已选择的区域进行涂绘，而未被选择的区域则不受影响。在该模式下，不论选择区域中是否包含线条，都不会对线条产生影响。

 【内部绘画】模式：涂绘区域取决于绘制图形时落笔的位置。如果落笔在图形内，则只对图形的内部进行涂绘；如果落笔在图形外，则只对图形的外部进行涂绘；如果在图形内部的空白区域开始涂色，则只对空白区域进行涂色，而不会影响任何现有的填充区域。该模式不会对线条进行涂色。

3.1.3 绘制几何图形

Animate CC提供了强大的标准绘图工具，使用这些工具可以绘制一些标准的几何图形，主要包括【矩形工具】和【基本矩形工具】、【椭圆工具】和【基本椭圆工具】以及【多角星形工具】等。

1 使用【矩形工具】

【工具】面板中的【矩形工具】和【基本矩形工具】用于绘制矩形图形，

这些工具不仅能设置矩形的形状、大小、颜色，还能设置边角半径以修改矩形形状。

选择【工具】面板中的【矩形工具】，在舞台中按住鼠标左键拖动，即可开始绘制矩形。如果按住Shift键，可以绘制正方形图形。

选择【矩形工具】后，打开其【属性】面板，【矩形工具】的【属性】面板的主要参数选项的具体作用如下。

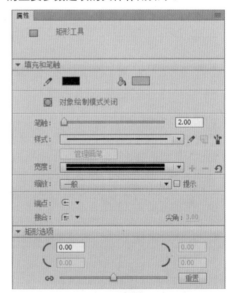

 【笔触颜色】：用于设置矩形的笔触颜色，也就是矩形的外框颜色。

 【填充颜色】：用于设置矩形的内部填充颜色。

 【样式】：用于设置矩形的笔触样式。

【宽度】：用于设置矩形的宽度样式。

【缩放】：用于设置矩形的缩放模式，包括【一般】、【水平】、【垂直】、【无】等4个选项。

【矩形选项】：其文本框内的参数用来设置矩形的4个直角半径，正值为正半径，负值为反半径。单击【矩形选项】区里左下角的 按钮，可以为矩形的4个角设置不同的角度值。单击【重置】按钮将重置所有数值，即角度值还原为默认值0。

2 使用【基本矩形工具】

使用【基本矩形工具】 ，可以绘制更加易于控制和修改的矩形形状。在【工具】面板中选择【基本矩形工具】后，在【属性】面板中可以设置属性。

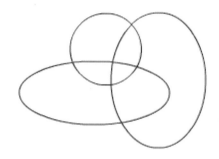

绘制完成后，选择【工具】面板中的【部分选取工具】 ，可以随意调节矩形图形的角半径。

3 使用【椭圆工具】

【工具】面板中的【椭圆工具】和【基本椭圆工具】用于绘制椭圆图形，它和矩形工具类似，差别主要在于椭圆工具的选项中有关于角度和内径的设置。

选择【工具】面板中的【椭圆工具】 ，在舞台中按住鼠标拖动，即可绘制椭圆。按住Shift键，可以绘制一个正圆图形。

选择【椭圆工具】 后，打开【属性】面板，该【属性】面板中的主要参数选项的具体作用与【矩形工具】属性基本相同，其中关于椭圆选项的作用如下。

【开始角度】：用于设置椭圆绘制的起始角度，正常情况下，绘制椭圆是从0度开始绘制的。

【结束角度】：用于设置椭圆绘制的结束角度，正常情况下，绘制椭圆的结束角度为0度，默认绘制的是一个封闭的椭圆。

【内径】：用于设置内侧椭圆的大小，内径大小范围为0~99。

【闭合路径】：用于设置椭圆的路径是否闭合。默认情况下选中该选项，取消选中该选项，要绘制一个未闭合的形状，只能绘制该形状的笔触，如下图所示为取消选中【闭合路径】选项的绘制效果。

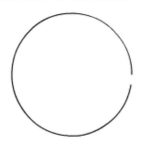

【重置】按钮：恢复【属性】面板中所有选项设置，并将在舞台上绘制的基本椭圆形状恢复为原始大小和形状。

4 使用【基本椭圆工具】

单击【工具】面板中的【椭圆工具】按钮，在弹出的下拉列表中选择【基本椭圆工具】。与【基本矩形工具】的属性类似，使用【基本椭圆工具】可以绘制更加易于控制和修改的椭圆形状。

绘制完成后，选择【工具】面板中的【部分选取工具】，拖动基本椭圆圆周上的控制点，可以调整完整性，拖动圆心处的控制点可以将椭圆调整为圆环。

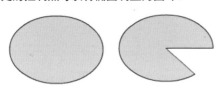

5 使用【多角星形工具】

使用【多角星形工具】可以绘制多边形图形和多角星形图形，选择【多角星形】工具后，将鼠标光标移动到舞台上，按住鼠标左键拖动，系统默认是绘制出五边形，通过设置也可以绘制其他多角星形的图形。

选择【多角星形工具】后，打开【属性】面板，该面板中的大部分参数选项与之前介绍的图形绘制工具相同。

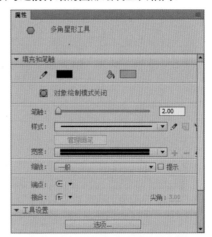

单击【工具设置】选项中的【选项】按钮，可以打开【工具设置】对话框。

工具设置		×
样式：	多边形 ▼	
边数：	5	
星形顶点大小：	0.50	
	确定	取消

【工具设置】对话框中主要参数选项的具体作用如下。

 【样式】：用于设置绘制的多角星形样式，可以选择【多边形】和【星形】选项。

 【边数】：用于设置绘制的图形边数，范围为3~32。

【星形顶点大小】：用于设置绘制的图形顶点大小。

3.2 填充图形颜色

绘制图形之后，即可进行颜色的填充操作。Animate CC 2017中的填充工具主要包括【颜料桶工具】、【墨水瓶工具】、【橡皮擦工具】和【滴管工具】等。

3.2.1 使用【颜料桶工具】

在Animate CC中，【颜料桶工具】用来填充图形内部的颜色，并且可以使用纯色、渐变色和位图进行填充。

选择【工具】面板中的【颜料桶工具】，打开【属性】面板，在该面板中可以设置【颜料桶】的填充和笔触等属性。

选择【颜料桶】工具，单击【工具】面板中的【空隙大小】按钮，在弹出的菜单中可以选择【不封闭空隙】、【封闭小空隙】、【封闭中等空隙】和【封闭大空隙】4个选项。

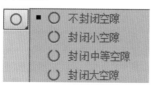

该菜单4个选项的作用分别如下。

【不封闭空隙】：只能填充完全闭合的区域。

【封闭小空隙】：可以填充存在较小空隙的区域。

【封闭中等空隙】：可以填充存在中等空隙的区域。

【封闭大空隙】：可以填充存在较大空隙的区域。

4种空隙模式的效果如下图所示。

原始图形　【不封闭空隙】　【封闭小空隙】　【封闭中等空隙】　【封闭大空隙】

3.2.2 使用【墨水瓶工具】

在Animate CC中，【墨水瓶工具】用于更改矢量线条或图形的边框颜色，更改封闭区域的填充颜色，吸取颜色等。

打开其【属性】面板，可以设置【笔触颜色】、【笔触】和【样式】等选项。

选择【墨水瓶工具】，将光标移至没有笔触的图形上，单击鼠标，可以给图形添加笔触；将光标移至已经设置好笔触颜色的图形上，单击鼠标，图形的笔触会改为【墨水瓶工具】使用的笔触颜色。

3.2.3 使用【橡皮擦工具】

在Animate CC中，【橡皮擦工具】 就是一种擦除工具，可以快速擦除舞台中的任何矢量对象，包括笔触和填充区域。

选择【工具】面板中的【橡皮擦工具】，此时在【工具】面板中会显示【橡皮擦】模式按钮、【水龙头】按钮和【橡皮擦形状】按钮。

【水龙头】按钮用来快速删除笔触或填充区域。单击【橡皮擦形状】按钮将弹出下拉菜单，提供10种橡皮擦工具的形状。单击【橡皮擦模式】按钮，可以在打开的【模式选择】菜单中选择橡皮擦模式。

橡皮擦模式的功能如下所示。

● 【标准擦除】模式：可以擦除同一图层

中擦除操作经过区域的笔触及填充。

● 【擦除填色】模式：只擦除对象的填充，而对笔触没有任何影响。

● 【擦除线条】模式：只擦除对象的笔触，而不会影响到其填充部分。

● 【擦除所选填充】模式：只擦除当前对象中选定的填充部分，对未选中的填充及笔触没有影响。

● 【内部擦除】模式：只擦除【橡皮擦】工具开始处的填充，如果从空白点处开始擦除，则不会擦除任何内容。选择该种擦除模式，同样不会对笔触产生影响。

知识点滴

【橡皮擦工具】只能对矢量图形进行擦除，对文字和位图无效。如果要擦除文字或位图，必须先将文字或位图按Ctrl+B键打散，然后才能使用【橡皮擦工具】对其进行擦除。

3.2.4 使用【滴管工具】

在Animate CC中，使用【滴管工具】，可以吸取现有图形的线条或填充上的颜色及风格等信息，并可以将该信息应用到其他图形上。

选择【工具】面板上的【滴管工具】，移至舞台中，光标会显示滴管形状；当光标移至线条上时，【滴管工具】的光标下方会显示出形状，这时单击即可拾取该线条的颜色作为填充样式；当【滴管工具】移至填充区域内时，【滴管工具】的光标下方会显示出形状，这时单击即可拾取该区域颜色作为填充样式。

使用【滴管工具】拾取线条颜色时，会自动切换【墨水瓶工具】为当前操作工具，并且工具的填充颜色正是【滴管】工具所拾取的颜色。使用【滴管工具】拾取区域颜色和样式时，会自动切换【颜料桶工具】为当前操作工具，并打开【锁定填充】功能，而且工具的填充颜色和样式正是【滴管工具】所拾取的填充颜色和样式。

知识点滴

此外，使用【宽度工具】 可以针对舞台上的绘图加入不同形式和粗细的宽度。通过加入调节宽度，用户可以轻松地将简单的笔画转变为丰富的图案。

▶ 【例3-2】使用填充工具填充图形颜色。
🎬视频+素材 (光盘素材\第03章\例3-2)

01 启动Animate CC，打开【例3-1】所制作的【使用钢笔工具】文档，然后选择【文件】|【另存为】命令，打开【另存为】对话框，将其命名为"填充图形"，然后单击【保存】按钮另存文档。

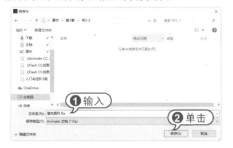

02 选择【颜料桶工具】，单击面板中的【属性】按钮，打开其【属性】面板，设置笔触线条为无，填充颜色为蓝色。

03 单击汽车外壳部分，将其填充为蓝色。

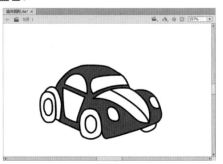

04 选择【颜料桶工具】，更改填充颜色为黄色，单击车灯部分。

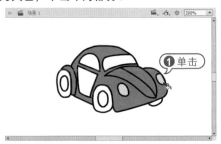

05 选择【滴管工具】，单击车灯黄色部分，吸取黄色。

06 当光标变为 形状时，单击车门部分，使车门的颜色和车灯的颜色一致。

07 选择【画笔工具】，打开其【属性】面板，设置填充颜色为黑色。

08 在【工具】面板上单击【对象绘制】按钮 ◻，然后在【画笔模式】中选择【内

部绘画】模式 ◒，该模式画笔涂色不会超出封闭线条范围以外，然后在汽车轮胎外圈内涂抹，下图所示为填充好的图形。

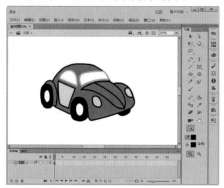

3.3 查看和选择图形

查看工具包括【手形工具】、【缩放工具】，分别用来平移舞台中的内容、放大或缩小舞台的显示比例。选择工具包括【选择工具】、【部分选取工具】和【套索工具】，分别用来抓取、选择、移动和调整对象。

3.3.1 使用查看工具

当视图被放大或者舞台面积较大，整个场景无法在视图窗口中完整显示时，用户要查看场景中的某个局部，就可以使用【手形工具】。

选择【工具】面板中的【手形工具】 ✋，将光标移动到舞台中，当光标显示为 ✋ 形状时，按住鼠标拖动，可以调整舞台在视图窗口中的位置。

【缩放工具】 🔍 是最基本的视图查看工具，用于缩放视图的局部和全部。选择【工具】面板中的【缩放工具】，在【工具】面板中会出现【放大】按钮 🔍 和【缩小】按钮 🔍。

单击【放大】按钮后，光标在舞台中显示 🔍 形状，单击可以以当前视图比例的2倍进行放大，最大可以放大到20倍。

单击【缩小】按钮，光标在舞台中显示 🔍 形状，在舞台中单击可以按当前视图比例的1/2进行缩小，最小可以缩小到原图的4%。当视图无法再进行放大和缩小时，光标呈 🔍 形状。

在选择【缩放】工具后，在舞台中以拖动矩形框的方式来放大或缩小指定区域，放大的比例可以通过舞台右上角的【视图比例】下拉列表框查看。

3.3.2 使用选择工具

Animate CC中的选择工具包括【选择工具】、【部分选取工具】和【套索工具】，分别用来抓取、选择、移动和调整曲线，调整和修改路径以及自由选定要选择的区域。

1 使用【选择工具】

选择【工具】面板中的【选择工具】，在【工具】面板中显示了【贴紧至对象】按钮、【平滑按钮】和【伸直按钮】，其各自的功能如下所示。

● 【贴紧至对象】按钮：选择该按钮，在进行绘图、移动、旋转和调整操作时将和对象自动对齐。

● 【平滑】按钮：选择该按钮，可以对直线和端头进行平滑处理。

● 【伸直】按钮：选择该按钮，可以对直线和开头进行伸直处理。

> **知识点滴**
>
> 平滑和伸直只适用于形状对象，对组合、文本、实例和位图都不起作用。

使用【选择工具】选择对象时，有以下几种方法。

● 单击要选中的对象即可选中。

● 按住鼠标拖动选取，可以选中区域中的所有对象。

● 有时单击某线条时，只能选中其中的一部分，可以双击选中线条。

● 按住Shift键，单击所需选中的对象，可以选中多个对象。

【选择工具】还可以调整对象曲线和顶点。选择【选择工具】后，将光标移至对象的曲线位置，光标会显示一个半弧形

状，可以拖动调整曲线。要调整顶点，将光标移至对象的顶点位置，光标会显示一个直角形状，可以拖动调整顶点

将光标移至对象轮廓的任意转角上，光标会显示一个直角形状，拖动鼠标可以延长或缩短组成转角的线段并保持伸直。

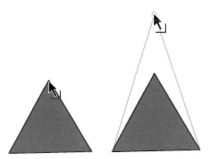

2 使用【部分选取工具】

【部分选取工具】主要用于选择线条、移动线条、编辑节点和节点方向等。它的使用方法和作用与【选择】工具类似，区别在于，使用【部分选取工具】选中一个对象后，对象的轮廓线上将出现多个控制点(锚点)，表示该对象已经被选择。

在使用【部分选取工具】选中对象之后，可对其中的控制点进行拉伸或修改曲线，具体操作如下。

● 移动控制点：选择的图形对象周围将显示由一些控制点围成的边框，用户可以选择其中的一个控制点，此时光标右下角会

出现一个空白方块ϟ，拖动该控制点，可以改变图形轮廓。

● 改变控制点曲度：可以选择其中一个控制点来设置图形在该点的曲度。选择某个控制点之后，按住Alt键移动，该点附近将出现两个在此点调节曲度的控制柄，此时空心的控制点将变为实心，可以拖动这两个控制柄，改变长度或者位置以实现对该控制点的曲度控制。

● 移动对象：使用【部分选取】工具靠近对象，当光标显示黑色实心方块ϟ时，按下鼠标左键拖动即可将对象拖动到所需位置。

【例3-3】使用【部分选取工具】修改图形。

●视频+素材 (光盘素材\第03章\例3-3)

01 启动Animate CC，打开【素材】文档，在【工具】面板上选择【部分选取工具】，使用鼠标单击图形的旗帜矩形边缘，显示形状的路径。

02 单击【钢笔工具】按钮，在下拉菜单中选择【转换锚点工具】，按住矩形对象上边缘中间的锚点移动，显示锚点的方向手柄，然后选择【部分选取工具】，按住手柄并移动鼠标调整路径的形状。

03 使用上面的方法，使用【转换锚点工具】拉出矩形对象下边缘中间锚点的方向手柄，然后选择【部分选取工具】，按住手柄并移动鼠标调整下边缘路径的形状。

04 选择【文件】|【另存为】命令，打开【另存为】对话框，将该文档命名为"使用【部分选取工具】"进行保存。

3 使用【套索工具】

【套索工具】 是主要用于选择图形中的不规则区域和相连的相同颜色的区域。单击【套索】工具，会弹出下拉菜单，可以选择【套索工具】、【多边形工具】、【魔术棒】选项。

这些选项各自的功能如下。

⬤ 【套索工具】：使用【套索工具】可以选择图形对象中的不规则区域，按住鼠标在图形对象上拖动，并在开始位置附近结束拖动，形成一个封闭的选择区域；或在

任意位置释放鼠标左键，系统会自动用直线段来闭合选择区域。

⬤ 【多边形工具】：使用【多边形工具】可以选择图形对象中的多边形区域，在图形对象上单击设置起始点，并依次在其他位置上单击，最后在结束处双击即可。

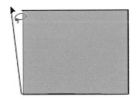

⬤ 【魔术棒】工具：使用【魔术棒】工具可以选中图形对象中相似颜色的区域(必须是位图分离后的图形)。

选择【魔术棒】工具后，单击面板上的【属性】按钮，打开其【属性】面板，其选项作用分别如下。

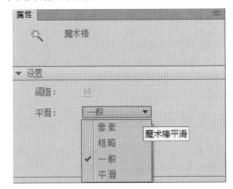

【阈值】：可以输入【魔术棒】工具选取颜色的容差值。容差值越小，所选择的色彩的精度就越高，选择的范围就越小。

【平滑】下拉列表：可以选择【魔术棒】工具选取颜色的方式，在下拉列表中选择【像素】、【粗略】、【一般】和【平滑】4个选项，这些选项分别代表选择区域边缘的平滑度。

3.4 进阶实战

本章的进阶实战部分为绘制气球图形这个综合实例操作，用户通过练习从而巩固本章所学知识。

【例3-4】使用绘制图形工具绘制气球图形。

视频+素材 (光盘素材\第03章\例3-4)

01 启动Animate CC，选择【文件】|【新建】命令，打开【新建文档】对话框，选择【ActionScript 3.0】选项，单击【确定】按钮，创建空白文档。

02 选择【文件】|【保存】命令，打开【另存为】对话框，将其命名为"绘制气球"，然后单击【保存】按钮。

03 在【工具】面板中选择【多角星形工具】，在其【属性】面板中设置【笔触颜色】为深红色、【填充颜色】为粉红色，然后单击【选项】按钮。

04 打开【工具设置】对话框，设置【样式】为【多边形】、【边数】为3，然后单击【确定】按钮。

05 使用【多角星形工具】在舞台上绘制一个三角形。

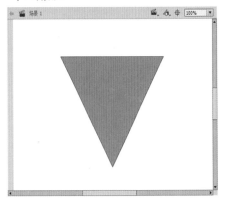

06 在【工具】面板上选择【选择工具】，将鼠标移到三角形右部边缘上，调整边缘形状，然后在左边继续调整形状。

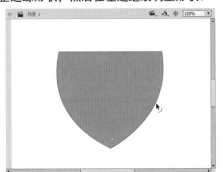

07 在【工具】面板上选择【部分选取工具】，单击对象边缘部分显示路径，调整图形的锚点。

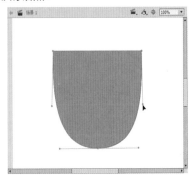

08 在【工具】面板上选择【钢笔工具】，在对象上方边缘中心单击添加一个路径锚点，然后利用这个锚点调整形状。

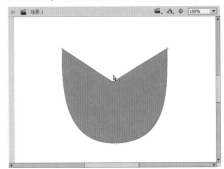

09 使用【部分选取工具】和【选择工具】，调整路径锚点和边缘，使其成为一个心形图形。

10 选择【多角星形工具】，设置和气球一样的笔触，单击【选项】按钮，打开【工具设置】对话框，设置样式为【多边形】、边数为3，单击【确定】按钮。

工具设置 ✕

样式：	多边形 ▼	①设置
边数：	3	
星形顶点大小：	0.50	

②单击
确定　取消

11 在舞台上绘制一个三角形(选择【对象绘制】模式)，使用【选择工具】选中三角形并拖放到心形下方。

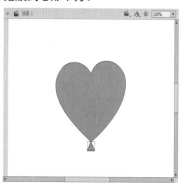

工具绘制气球的索节，最后的气球效果如下图所示。

12 选择【线条】工具，设置笔触颜色为深红色，绘制气球的系线，使用【刷子】

3.5 疑点解答

● 问：如何避免新绘制的矢量图形清除其覆盖的矢量图形？

答：由于Animate CC中默认矢量图形所占据的位置在同一图层中是唯一的，因此新绘制的图形会自动清除其下方覆盖的其他图形。此时可以新建一个图层来绘制图形，或者在绘制矢量图形前，在【工具】面板上单击【对象绘制】按钮，此时绘制矢量图形自动转换为绘制对象，避免了图形重叠发生自动清除的现象。

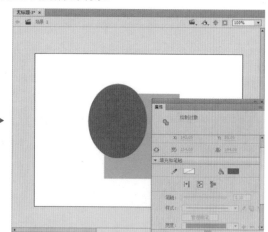

第4章

图形编辑操作

　　图形对象绘制完毕后，可以对已经绘制的图形进行移动、复制、排列、组合等操作，此外还可以调整图形的颜色使其更加丰富多彩。本章将详细介绍图形的编辑操作和颜色调整等内容。

对应光盘视频

例4-1 使用【渐变变形工具】
例4-2 制作倒影
例4-3 制作彩虹风景

4.1 图形的基本编辑

图形的基本编辑主要包括一些改变图形的基本操作，使用【工具】面板中相应的工具可以移动、复制、排列、组合和分离图形对象等。

4.1.1 移动图形

在Animate CC 2017中，【选择工具】除了用来选择图形对象，还可以拖动对象来进行移动操作。而有时为了避免当前编辑的对象影响到其他对象，可以使用【锁定】命令来锁定图形对象。

1 移动对象

移动图形对象的具体操作方法如下。

● 使用【选择工具】：选中要移动的图形对象，按住鼠标拖动到目标位置即可。在移动过程中，被移动的对象以框线方式显示；如果在移动过程中靠近其他对象时，会自动显示与其他对象对齐的实线。按住Shift键可以使对象按照45°角的增量进行平移。

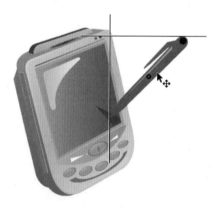

● 使用键盘上的方向键：在选中对象后，按下键盘上的↑、↓、←、→方向键即可移动对象，每按一次方向键可以使对象在该方向上移动1个像素。如果在按住Shift键的同时按方向键，每按一次方向键可以使对象在该方向上移动10个像素。

● 使用【信息】面板或【属性】面板：在选中图形对象后，选择【窗口】|【信息】命令打开【信息】面板，在【信息】面板或【属性】面板的X和Y文本框中输入精确的坐标，按下Enter键即可将对象移动到指定坐标位置，移动的精度可以达到0.1像素。

信息				
宽: 54.00			X:	217.05
高: 78.00			Y:	133.05
红: 255		+	X:	254.0
绿: 0			Y:	177.0
蓝: 0				
A: 100%				
边1: -				
边2: -				
宽度: -				

2 锁定对象

锁定对象是指将对象暂时锁定，使其移动不了。选择要锁定的对象，然后选择【修改】|【排列】|【锁定】命令，或者按Ctrl+Alt+L键，使用鼠标移动被锁定的对象，会发现移动不了。

检查图形是否被锁定，可以用鼠标拖动该对象，可以移动说明未锁定，反之则说明该图形对象处于锁定状态。

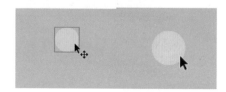

如果要解除锁定的对象，用户可以选择【修改】|【排列】|【解除全部锁定】命令，或者按Ctrl+Alt+Shift+L键，即可解除锁定。

4.1.2 复制和粘贴图形

在Animate CC中，可以使用菜单命令或键盘组合键复制和粘贴图形对象，在【变形】面板中，还可以在复制对象的同时变形对象。以下是关于复制和粘贴对象的几种操作方法。

● 使用菜单命令：选中要复制的对象，选择【编辑】|【复制】命令，选择【编辑】|【粘贴】命令可以粘贴对象；选择【编辑】|【粘贴到当前位置】命令，可以在保证对象的坐标没有变化的情况下，粘贴对象。

● 使用【变形】面板：选择对象，然后选择【窗口】|【变形】命令，打开【变形】面板。在该面板中可以设置了旋转或倾斜的角度，单击【重制选区和变形】按钮即可复制对象，如下图所示为一个五角星以50°角进行旋转，复制并应用变形后所创建的图形。

● 使用组合键：在移动对象的过程中，按住Alt键拖动，此时光标带+号形状，可以拖

动并复制该对象，如下图所示为拖动复制出来的图形。

● 使用【直接复制】命令：在复制图形对象时，还可以选择【编辑】|【直接复制】命令，或按Ctrl+D键，对图形对象进行有规律的复制。如下图所示为直接复制了3次的图形。

4.1.3 排列和对齐图形

在同一图层中，绘制的图形会根据创建的顺序层叠对象，用户可以使用【修改】|【排列】命令对多个图形对象进行上下排列，还可以使用【修改】|【对齐】命令对图形对象进行横向排列。

1 排列对象

当在舞台上绘制多个图形对象时，Animate会以层叠的方式显示各个图形对象。若要把下方的图形放置在最上方，则可以选中该对象后，选择【修改】|【排列】|【移至顶层】命令即可完成操作。

如下图所示先选中最底层的蓝色星形，选择【移至顶层】命令后则移至顶层。

如果想将图形对象向上移动一层，则可以选中该对象后选择【修改】|【排列】|【上移一层】命令。若想向下移动一层，选择【修改】|【排列】|【下移一层】命令。若想将上层的图形对象移到最下层，则可以选择【修改】|【排列】|【移至底层】命令。

2 对齐对象

打开【对齐】面板，在该面板中可以进行对齐对象的操作。

要对多个对象进行对齐与分布操作，先选中图形对象，然后选择【修改】|【对齐】命令，在子菜单中选择对齐命令。

左对齐(L)	Ctrl+Alt+1
水平居中(C)	Ctrl+Alt+2
右对齐(R)	Ctrl+Alt+3
顶对齐(T)	Ctrl+Alt+4
垂直居中(V)	Ctrl+Alt+5
底对齐(B)	Ctrl+Alt+6
按宽度均匀分布(D)	Ctrl+Alt+7
按高度均匀分布(H)	Ctrl+Alt+9
设为相同宽度(M)	Ctrl+Shift+Alt+7
设为相同高度(S)	Ctrl+Shift+Alt+9
与舞台对齐(G)	Ctrl+Alt+8

其中各类对齐选项的作用如下。

单击【对齐】面板中【对齐】选项区域中的【左对齐】、【水平中齐】、【右对齐】、【上对齐】，【垂直中齐】和【底对齐】按钮，可设置对象在不同方向的对齐方式。

单击【对齐】面板中【分布】选项区域中的【顶部分布】、【垂直居中分布】、【底部分布】、【左侧分布】，【水平居中分布】和【右侧分布】按钮，可设置对象在不同方向的分布方式。

单击【对齐】面板中【匹配大小】区域中的【匹配宽度】按钮，可使所有选中的对象与其中最宽的对象宽度相匹配；单击【匹配高度】按钮，可使所有选中的对象与其中最高的对象高度相匹配；单击【匹配宽和高】按钮，将使所有选中的对象与其中最宽对象的宽度和最高对象的高度相匹配。

单击【对齐】面板中【间隔】区域中的【垂直平均间隔】按钮和【水平平均间隔】按钮，可使对象在垂直方向或水平方向上等间距分布。

选中【和舞台对齐】复选框，可以使对象以设计区的舞台为标准，进行对象的对齐与分布；如果取消选中状态，则以选择的对象为标准进行对象的对齐与分布。

4.1.4 组合和分离图形

在创建复杂的矢量图形时，为了避免图形之间的自动合并，可以对其进行组合，使其作为一个对象来进行整体操作处理。此外，组合后的图形对象也可以进行分离返回原始状态。

1 组合对象

组合对象的方法是：先从舞台中选择

需要组合的多个对象，可以是形状、组、元件或文本等各种类型的对象，然后选择【修改】|【组合】命令或按Ctrl+G快捷键，即可组合对象。如下图所示即为多个组构成的图形，使用【修改】|【组合】命令后，变为一个组合图形。

2 分离对象

对于组合对象，可以使用分离命令将其拆散为单个对象，也可将文本、实例、位图及矢量图等元素打散成一个个的独立像素点，以便进行编辑。

对于组合而成的组对象来说，可以选择【修改】|【分离】命令，将其分离开。这条命令和【修改】|【取消组合】命令所得到的效果是一样的，都是将组对象返回到原始多个对象的状态。

对于单个图形对象来说，选择【修改】|【分离】命令，可以把选择的对象分离成独立的像素点，如下图所示的"花"分离后，成为形状对象。

4.1.5 贴紧图形

如果要使图形对象彼此自动对齐，可以使用贴紧功能。Animate CC中为

贴紧对齐对象提供了5种方式，即【贴紧至对象】、【贴紧至像素】、【贴紧至网格】、【贴紧至辅助线】和【贴紧对齐】。

1 贴紧至对象

【贴紧至对象】功能可以使对象沿着其他对象的边缘，直接与它们对齐的对象贴紧。选择对象后，选择【视图】|【贴紧】|【贴紧至对象】命令；或者选择【工具】面板上的【选择】工具后，单击【工具】面板底部的【贴紧至对象】按钮 也能使用该功能。执行以上操作后，当拖动图形对象时，指针下会出现黑色小环，当对象处于另一个对象的贴紧距离内时，该小环会变大，松开鼠标即可和另一个对象边缘贴紧。

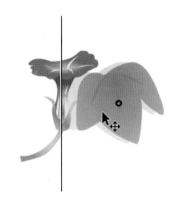

2 贴紧至像素

【贴紧至像素】可以在舞台上将图形对象直接与单独的像素或像素的线条贴紧。选择【视图】|【网格】|【显示网格】命令，让舞台显示网格。然后选择【视图】|【网格】|【编辑网格】命令，在【网格】对话框中设置网格尺寸为1×1像素，选择【视图】|【贴紧】|【贴紧至像素】命令，选择【工具】面板上的【矩形】工具，在舞台上随意绘制矩形图形时，会发现矩形的边缘紧贴至网格线。

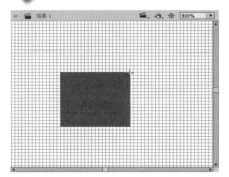

进行贴紧对齐，可以选择【视图】|【贴紧】|【贴紧对齐】命令，此时当拖动一个图形对象至另一个对象边缘时，会显示对齐线，松开鼠标，则两个对象互为贴紧对齐。

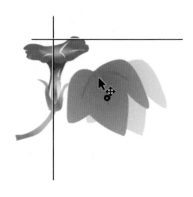

3 贴紧至网格

如果网格以默认尺寸显示，可以选择【视图】|【贴紧】|【贴紧至网格】命令，同样可以使图形对象边缘和网格边缘贴紧。

4 贴紧至辅助线

选择【视图】|【贴紧】|【贴紧至辅助线】命令，可以使图形对象中心和辅助线贴紧。如下图所示，当拖动图形对象时，指针下会出现黑色小环，当图形中的小环接近辅助线时，该小环会变大，松开鼠标即可和辅助线贴紧。

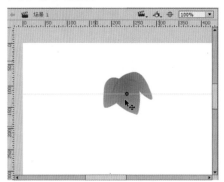

5 贴紧对齐

贴紧对齐功能可以按照指定的贴紧对齐容差对齐对象，即按照对象和其他对象之间或对象与舞台边缘的预设边界对齐对象。要

4.1.6 图形的变形

在使用图形的过程中，可以调整图形在舞台中的比例，以及改变图形的形状。用户对图形变形的操作包括翻转、旋转、扭曲、缩放、封套等方式。

1 翻转图形

用户在选择图形对象后，可以将其翻转倒立过来，编辑以后如果不满意还可以还原对象。

选择图形对象后，选择【修改】|【变形】命令，在子菜单中可以选中【垂直翻转】或【水平翻转】命令，可以使所选定的对象进行垂直或水平翻转，而不改变该对象在舞台上的相对位置。

2 旋转图形

使用【工具】面板中的【任意变形工具】，可以对图形对象进行旋转和倾斜操作。

选中【任意变形工具】，在【工具】面板中会显示【贴紧至对象】、【旋转和倾斜】、【缩放】、【扭曲】和【封套】按钮。

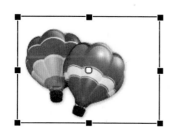

选中对象，在对象的四周会显示8个控制点■，在中心位置会显示1个中心点○。

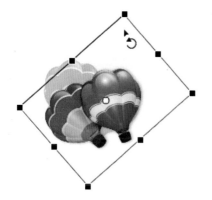

选择【工具】面板中的【任意变形工具】，然后单击【旋转与倾斜】按钮 ，选中对象，当光标显示为 形状时，可以旋转对象。

当光标显示为 形状时，可以水平方向倾斜对象。

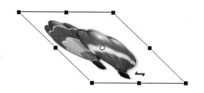

当光标显示为 形状时，可以垂直方向倾斜对象。

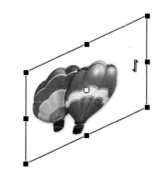

3 缩放图形

缩放图形对象可以在垂直或水平方向上缩放，还可以在垂直和水平方向上同时缩放。选择【工具】面板中的【任意变形工具】，然后单击【缩放】按钮 ，选中要缩放的对象，对象四周会显示框选标志，拖动对象某条边上的中点可将对象进行垂直或水平的缩放，拖动某个顶点，则可以使对象在垂直和水平方向上同时进行缩放。

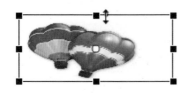

4 扭曲图形

扭曲操作可以对图形对象(仅形状对象)进行锥化处理。选择【工具】面板中的【任意变形工具】，然后单击【扭曲】按钮，选中图形对象，在光标变为 ▷ 形状时，拖动边框上的角控制点或边控制点来移动该角或边。

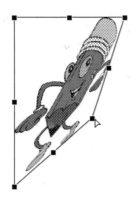

在拖动角手柄时，按住Shift键，当光标变为 ◥ 形状时，可对对象进行锥化处理。

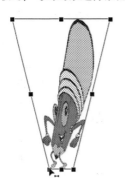

5 封套图形

封套操作可以对图形对象进行任意形状的修改。选择【工具】面板中的【任意变形工具】，然后单击【封套】按钮，选中对象，在对象的四周会显示若干控制点和切线手柄，拖动这些控制点及切线手柄，即可对对象进行任意形状的修改。

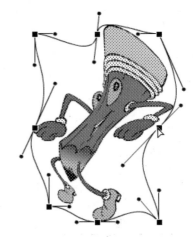

【旋转与倾斜】和【缩放】按钮可应用于舞台中的所有对象，【扭曲】和【封套】按钮都只适用于形状对象或者分离后的图像。

6 删除图形

当不再需要舞台中的某个图形时，可以使用【选择工具】选中该图形对象后，按Delete键或Backspace键将其删除。

用户还可以选择以下几种方法进行删除图形对象的操作。

👆 选中要删除的对象，选择【编辑】|【清除】命令。

👆 选中要删除的对象，选择【编辑】|【剪切】命令。

👆 右击要删除的对象，在弹出的快捷菜单中选择【剪切】命令。

4.2 调整图形颜色

如果用户需要自定义颜色或者对已经填充的颜色进行调整，那么需要用到【颜色】面板。另外，使用【渐变变形工具】可以进行颜色的填充变形。

4.2.1 使用【颜色】面板

在菜单上选择【窗口】|【颜色】命令，可以打开【颜色】面板。打开右侧的下拉列表框，可以选择【无】、【纯色】、【线性渐变】、【径向渐变】和【位图填充】5种填充方式。

在颜色面板的中部有选色窗口，用户可以在窗口右侧拖动滑块来调节色域，然后在窗口中选中需要的颜色；在右侧分别提供了HSB颜色组合项和RGB颜色组合项，用户可以直接输入数值以合成颜色；下方的【A：】选项是Alpha透明度设置项，100%为不透明，0%为全透明，可以在该选项中设置颜色的透明度。

单击【笔触颜色】和【填充颜色】右侧的颜色控件，都会弹出【调色板】面板，用户可以方便地从中选取颜色。

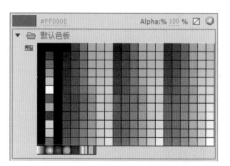

在【调色板】面板中单击右上角的【颜色选择器】按钮 ○，打开【颜色选择器】对话框，在该对话框中可以选择更多的颜色。

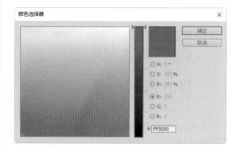

4.2.2 使用【渐变变形工具】

单击【任意变形工具】 按钮后，在下拉列表中选择【渐变变形工具】 ，该工具可以通过调整填充的大小、方向或者中心位置，对渐变填充或位图填充进行变形操作。

1 线性渐变填充

选择【工具】面板中的【渐变变形工具】，单击需要进行线性渐变填充的图形，当光标变为 形状时，单击鼠标即可显示线性渐变填充的调节手柄。

调整线性渐变填充的具体操作方法如下。

🌑 将光标指向中间的圆形控制柄○时光标变为✛形状，此时拖动该控制柄可以调整线性渐变填充的位置。

🌑 将光标指向右边中间的方形控制柄⊟时光标变为↔形状，拖动该控制柄可以调整线性渐变填充的缩放。

🌑 将光标指向右上角的环形控制柄○时光标变为↻形状，拖动该控制柄可以调整线性渐变填充的方向。

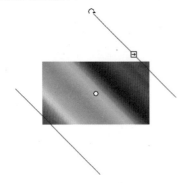

2 径向渐变填充

径向渐变填充的方法与线性渐变填充方法类似，选择【工具】面板中的【渐变变形工具】，单击要进行径向渐变填充的图形，即可显示径向渐变填充的调节柄，可以调整径向渐变填充，具体操作方法如下。

🌑 将光标指向中心的控制柄⑧时光标变为✛形状，拖动该控制柄可以调整径向渐变填充的位置。

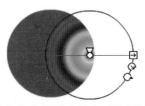

🌑 将光标指向圆周上的方形控制柄⊟时光标变为↔形状，拖动该控制柄，可以调整径向渐变填充的宽度。

🌑 将光标指向圆周上中间的环形控制柄○时光标变为⊙形状，拖动该控制柄，可以调整径向渐变填充的半径。

🌑 将光标指向圆周上最下面的环形控制柄○时光标变为↻形状，拖动该控制柄可以调整径向渐变填充的方向。

【例4-1】使用【渐变变形工具】修改渐变颜色。

🔘 视频+素材 (光盘素材\第04章\例4-1)

◀- - - - - - - - - - - - - -

01 启动Animate CC 2017，打开一个素材文档。在【工具】面板上单击【任意变形】工具按钮，在下拉列表中选择【渐变变形工具】 ▄▄ 。

02 单击图形中的雨衣形状，显示渐变变形框，按住并向右旋转环形控制柄 ⟳ ，使渐变颜色从垂直渐变转换为水平渐变。

03 按住渐变变形框的方形控制柄 ▣→ ，垂直向下移动，扩大渐变填充的垂直宽度。

04 按住渐变变形框中间的圆形控制柄 ○ ，向上移动，调整渐变填充的中心位置。

05 选择【文件】|【另存为】命令，打开【另存为】对话框，将该文档命名为"使用【渐变变形工具】"进行保存。

3 位图填充

在Animate CC中，可以使用位图对图形进行填充。设置图形的位图填充后，选择工具箱中的【渐变变形工具】，在图形的位图填充上单击，即可显示位图填充的调节柄。

打开【颜色】面板，在【类型】下拉列表框中选择【位图填充】选项，打开【导入到库】对话框，选中位图文件，单击【打开】按钮导入位图文件

此时在【工具】面板中选择【矩形工具】，在舞台中拖动鼠标即可绘制一个具有位图填充的矩形形状。

拖动中心点，可以改变填充图形的位置。拖动边缘的各个控制柄，可以调整填充图形的大小、方向、倾斜角度等。

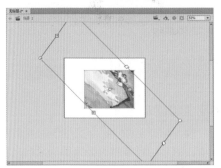

4.2.3 调整色彩效果

在Animate CC中可以调整舞台中图形或其他对象的色彩显示效果，能够改变对象的亮度、色调以及透明度等，为动画的制作提供了更高层次的特殊效果。

1 调整亮度

图形的【色彩效果】可以在选中对象的【属性】面板里调整，其中的【亮度】选项用于调节元件实例的相对亮度和暗度。

选中对象后，在【色彩效果】选项区域中的【样式】下拉列表框内选择【亮度】选项，拖动出现的滑块，或者在右侧的文本框内输入数值，改变对象的亮度，亮度的度量范围是从黑(-100%)到白(100%)。

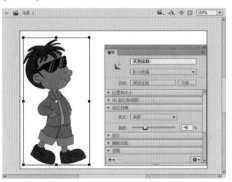

2 调整色调

【色调】选项使用相同的色相为元件实例着色，其度量范围是从透明(0%)到完全饱和(100%)。

在【色彩效果】的【样式】下拉列表框内选择【色调】选项，此时会出现一个【着色】按钮和【色调】、【红】、【绿】、【蓝】等4个滑块。单击【色调】右边的色块，弹出调色板，可以选择一种色调颜色。

通过拖动【红】、【绿】、【蓝】3个选项的滑块，或者直接在其右侧文本框内输入颜色数值，可以改变对象的色调。当

色调设置完成后，通过拖动【色调】选项的滑块，或者在其右侧的数值框内输入颜色数值，可以改变对象的色调饱和度。

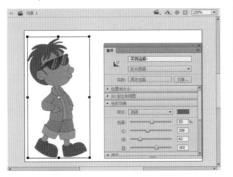

3 调整透明度

【Alpha】选项用来设置对象的透明度，其度量范围从透明(0%)到不透明(100%)。

在【色彩效果】选项的【样式】下拉列表框中选择【Alpha】选项，拖动滑块，或者在右侧的数值框内输入百分比数值，即可改变对象的透明度。

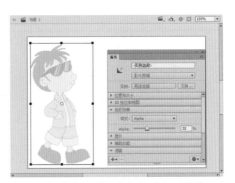

【样式】下拉列表框中还包括一个【高级】选项。该选项是集合了亮度、色调、Alpha 3个选项为一体的选项，可以帮助用户在图形上制作丰富的色彩效果。

4.3 添加3D和滤镜效果

使用Animate CC 2017提供的3D变形工具可以在3D空间对2D对象进行动画处理，还可以对文本、影片剪辑或按钮添加滤镜效果。

4.3.1 添加3D效果

使用Animate CC 2017提供的3D变形工具可以在3D空间对2D对象进行动画处理，3D变形工具包括【3D旋转工具】和【3D平移工具】。

1 使用【3D旋转工具】

使用【3D旋转工具】，可以在3D空间移动【影片剪辑】实例，使对象能显示某一立体方向角度，【3D旋转工具】是绕对象的z轴进行旋转的。

选择【3D旋转工具】，选中舞台中的【影片剪辑】实例，3D旋转控件会显示在选定对象的上方，x轴控件显示为红色、y轴控件显示为绿色、z轴控件显示为蓝色，使用最外圈的橙色自由旋转控件，可以同时围绕x和y轴方向旋转。【3D旋转工具】的默认模式为全局模式，在全局模式3D空间中旋转对象与相对舞台移动对象等效。在局部3D空间中旋转对象与相对影片剪辑移动对象等效。

在3D空间中旋转对象的具体方法如下。

🔹 拖动一个旋转轴控件，能够绕该轴方向旋转对象，或拖动自由旋转控件(外侧橙色圈)同时在x和y轴方向旋转对象。

🔹 左右拖动x轴控件，可以绕x轴方向旋转对象。上下拖动y轴控件，可以绕y轴方向旋转对象。拖动z轴控件，可以绕z轴方向旋转对象，进行圆周运动。

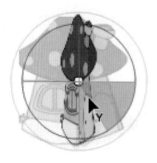

🔹 如果要相对于对象重新定位旋转控件的中心点，拖动控件中心点即可。

🔹 按下Shift键，可以45°角为增量倍数旋转对象。

🔹 移动旋转中心点可以控制旋转对象和外观，双击中心点可将其移回所选对象的中心位置。

🔹 对象的旋转控件中心点的位置属性在【变形】面板中显示为【3D中心点】，可以在【变形】面板中修改中心点的位置。

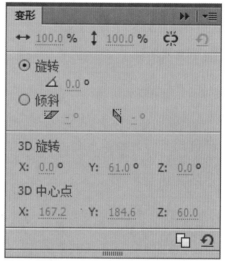

要重新定位3D旋转控件中心点，有以下几种方法。

🔹 要将中心点移动到任意位置，直接拖动中心点即可。

🔹 要将中心点移动到一个选定对象的中心，按下Shift键，双击对象。

🔹 要将中心点移动到多个选定对象的中心，双击中心点即可。

2　使用【3D平移工具】

使用【3D平移工具】 🔨可以在3D空间中移动【影片剪辑】实例。在【工具】

面板上选择【3D平移工具】，选择一个【影片剪辑】实例，实例的x、y和z轴将显示在对象的顶部。x轴显示为红色、y轴显示为绿色，z轴显示为红绿线交接的黑点。选择【3D平移工具】选中对象后，可以拖动x、y和z轴来移动对象，也可以打开【属性】面板，设置x、y和z轴数值来移动对象。

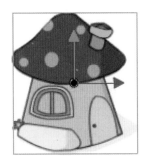

使用3D平移工具平移单个对象的具体方法如下。

拖动移动对象：选中实例的x、y或z轴控件，x和y轴控件是轴上的箭头。按控件箭头的方向拖动，可沿所选轴方向移动对象。z轴控件是影片剪辑中间的黑点。上下拖动z轴控件可在z轴上移动对象。如下图所示分别为在y轴方向上拖动对象和在z轴上移动对象。

使用【属性】面板移动对象：打开【属性】面板，打开【3D定位和查看】选项，在x、y或z轴输入坐标位置数值即可完成移动。

【3D平移工具】的默认模式是全局模式。在全局3D空间中移动对象与相对舞台中移动对象等效。在局部3D空间中移动对象与相对影片剪辑移动对象等效。选择【3D平移工具】后，单击【工具】面板【选项】中的【全局转换】按钮，可以切换全局/局部模式。按下D键，选择【3D平移工具】可以临时从全局模式切换到局部模式。

选中多个对象后，如果选择【3D平移工具】移动某个对象，其他对象将以移动对象的相同方向移动。在全局和局部模式中移动多个对象的方法如下。

在全局模式3D空间中以相同方式移动多个对象。拖动轴控件移动一个对象，其他对象同时移动。按下Shift键，双击其中一个选中的对象，可以将轴控件移动到多个对象的中间位置。

在局部模式3D空间中以相同方式移动多个对象。拖动轴控件移动一个对象，其他对象同时移动。按下Shift键，双击其中一个选中的对象，将轴控件移动到另一个对象上。

3 透视角度和消失点

透视角度和消失点是控制3D动画在舞台上的外观视角和Z轴方向，它们可以在使用3D工具后的【属性】面板里查看并加以调整。

透视角度属性控制3D【影片剪辑】实例的外观视角。使用【3D平移】或【3D旋转】工具选中对象后，在【属性】面板中的 ◙ 图标后修改数值可以调整透视角度的大小。

增大透视角度可以使对象看起来很远，减小透视角度则造成相反的效果，如下图所示为增大透视角度后的效果。

消失点属性控制3D影片剪辑元件在舞台上的z 轴方向，所有影片剪辑的z轴都朝着消失点后退。使用【3D平移】或【3D旋转】工具选中对象后，在【属性】面板中的 ◩ 图标后修改数值可以调整消失点的坐标。

进阶技巧

调整消失点的坐标数值，使影片剪辑对象发生改变，可以精确地控制对象的外观和位置。

4.3.2 添加滤镜效果

滤镜是一种应用到对象上的图形效果。Animate CC允许对文本、影片剪辑或按钮添加滤镜效果，如投影、模糊、斜角等特效，使动画表现得更加丰富。

选中一个影片剪辑对象后，打开【属性】面板，单击【滤镜】选项，打开【滤镜】选项组。单击【添加滤镜】按钮 ➕▾，在弹出的下拉列表中可以选择要添加的滤镜选项，也可以删除、启用和禁止滤镜效果。

添加滤镜后,在【滤镜】选项组中会显示该滤镜的属性,在【滤镜】面板窗口中会显示该滤镜名称,重复添加操作可以为对象创建多种不同的滤镜效果。如果单击【删除滤镜】按钮 ➖,可以删除选中的滤镜效果。

1 【投影】滤镜

【投影】滤镜属性的主要选项参数的具体作用如下。

◖ 【模糊X】和【模糊Y】:用于设置投影的宽度和高度。

◖ 【强度】:用于设置投影的阴影暗度,暗度与该文本框中的数值成正比。

◖ 【品质】:用于设置投影的质量。

◖ 【角度】:用于设置投影的角度。

◖ 【距离】:用于设置投影与对象之间的距离。

◖ 【挖空】:选中该复选框可将对象实体隐藏,而只显示投影。

◖ 【内阴影】:选中该复选框可在对象边界内应用阴影。

◖ 【隐藏对象】:选中该复选框可隐藏对象,并只显示其投影。

◖ 【颜色】:用于设置投影颜色。

【投影】滤镜是模拟对象投影到一个表面的效果,如下图所示。

2 【模糊】滤镜

【模糊】滤镜属性的主要选项参数的具体作用如下。

◖ 【模糊X】和【模糊Y】文本框:用于设置模糊的宽度和高度。

◖ 【品质】:用于设置模糊的质量级别。

【模糊】滤镜可以柔化对象的边缘和细节,如下图所示。

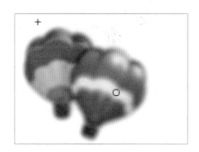

3 【发光】滤镜

【发光】滤镜属性的主要选项参数的具体作用如下。

【模糊X】和【模糊Y】：用于设置发光的宽度和高度。。

【强度】：用于设置对象的透明度。

【品质】：用于设置发光质量级别。

【颜色】：用于设置发光的颜色。

【挖空】：选中该复选框可将对象实体隐藏，而只显示发光。

【内发光】：选中该复选框可使对象只在边界内应用发光。

【发光】滤镜的效果如下图所示。

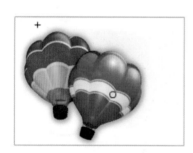

4 【斜角】滤镜

【斜角】滤镜的大部分属性设置与【投影】、【模糊】和【发光】滤镜属性相似，单击其中的【类型】选项旁的按钮，在弹出的下拉列表中可以选择【内侧】、【外侧】、【全部】3个选项，可以分别对对象进行内斜角、外斜角或完全斜角的效果处理。

5 【渐变发光】滤镜

使用【渐变发光】滤镜，可以使发光表面具有渐变效果，该滤镜的属性选项如下图所示。

将光标移动至该面板的【渐变】栏上，当光标变为 ▶ 形状时单击，可以添加一个颜色指针。单击该颜色指针，可以在弹出的颜色列表中设置渐变颜色；移动颜色指针的位置，则可以设置渐变色差。

6 【渐变斜角】滤镜

使用【渐变斜角】滤镜，可以使对象产生凸起效果，并且斜角表面具有渐变颜色，该滤镜的属性选项如下图所示。

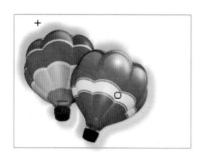

7 【调整颜色】滤镜

使用【调整颜色】滤镜，可以调整对象的亮度、对比度、色相和饱和度。可以通过修改选项数值的方式，为对象的颜色进行调整，其滤镜效果如下图所示。

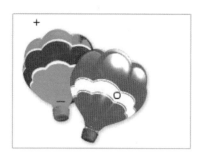

【例4-2】使用3D和滤镜工具制作倒影效果。

🔘 视频+素材 (光盘素材\第04章\例4-2)

01 启动Animate CC 2017，打开一个素材文档。选中舞台中的洒水壶元件，按Ctrl+C和Ctrl+V键复制该元件，这样舞台中有两个洒水壶图形。

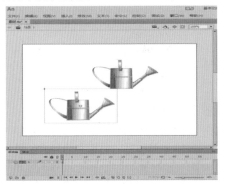

02 选中复制的元件，选择【修改】|【变形】|【垂直翻转】命令，将复制图形翻转过来。

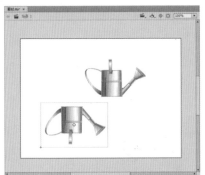

03 使用【3D旋转工具】选中翻转的图形，将其旋转至合适位置。

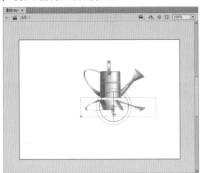

04 打开其【属性】面板，打开其中的【滤镜】选项卡，单击【添加滤镜】按钮，选中【模糊】滤镜，在【模糊X】和【模糊Y】后面输入"2"，在【品质】下拉列表中选择【高】。

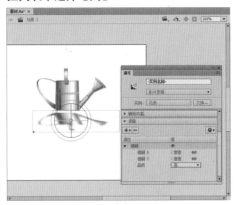

05 使用【矩形工具】绘制颜色为水蓝色的矩形，放置在洒水壶图形下。

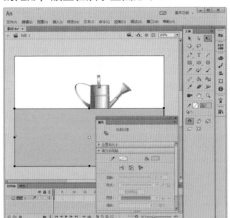

06 右击矩形，在弹出的菜单中选择【排列】|【移至底层】命令，将矩形放置在倒影图形下面，使倒影图形显示出来。

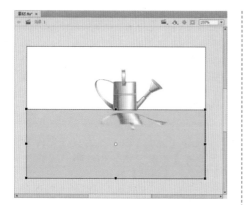

07 选择【修改】|【文档】命令，打开【文档设置】对话框，设置舞台颜色为黄色。

08 选择【文件】|【另存为】命令，打开【另存为】对话框，以"倒影效果"为名另存文档。

4.4 进阶实战

　　本章的进阶实战部分为绘制彩虹这个综合实例操作，用户通过练习从而巩固本章所学知识。

【例4-3】使用绘制和编辑图形的工具制作彩虹图案。

视频+素材（光盘素材\第04章\例4-3）

01 启动Animate CC 2017，新建一个文档，在【工具】面板中选择【矩形】工具，打开其【颜色】面板，设置【笔触颜色】为无，【填充颜色】为线性渐变色彩。

02 在舞台上绘制和舞台大小相同的矩形图形。

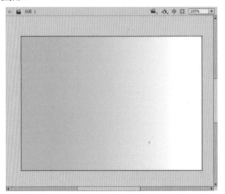

03 在【工具】面板中选择【渐变变形工具】，调整渐变色彩。

04 在【时间轴】面板上单击【新建图层】按钮，新建一个图层，选择【钢笔】工具，在舞台上绘制云朵，并填充为白色。

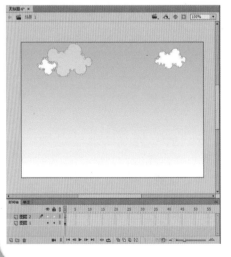

知识点滴

每个图层都是独立的个体，它们在编辑修改时是独立的，在一个图层中做出修改不会影响到另一个图层的内容，图层相关内容将在后面的章节详细介绍。

05 选择【椭圆工具】，在其【属性】面板上设置【笔触颜色】为红色，【填充颜色】为无，【笔触】为10。

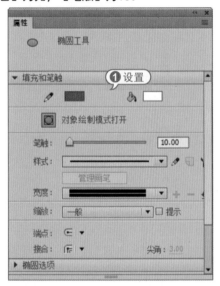

06 按Shift键绘制正圆，选择【任意变形】工具，选中正圆进行复制粘贴，并调整圆形大小。

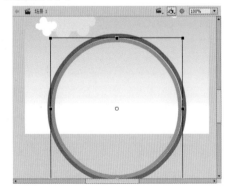

07 使用同样的方法，复制多个圆形，填充不同颜色并调整大小，然后使用【任意变形】工具，选中正圆的下半部分，按Delete键删除。

08 在【时间轴】面板上单击【新建图层】按钮，新建一个图层，选择【钢笔】工具，在舞台上绘制草地，并设置其为渐变绿色。

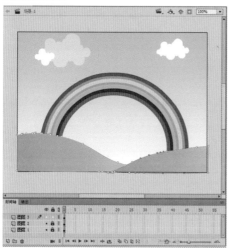

09 在【时间轴】面板上单击【新建图层】按钮，选择【钢笔工具】，在舞台上绘制树的树叶和树干，设置其颜色，然后选择树的形状，选择【修改】|【组合】命令，将树的形状组合为一个图形。

10 使用【任意变形工具】选择树，复制粘贴出更多树的图形，然后调整它们的大小和位置。

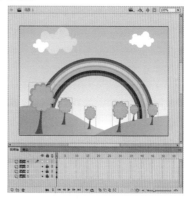

11 在【时间轴】面板上单击【新建图层】按钮，新建一个图层，选择【钢笔】工具，在舞台上绘制花朵。选择花图形，复制粘贴出更多花的图形，然后调整它们的大小和位置，并用【颜色】面板改变它们的颜色。

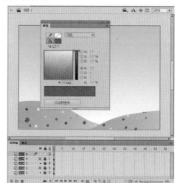

12 选择有树的【图层4】，拖动到【图层5】上面，使树显示在花的前面。

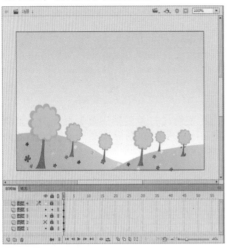

13 显示所有图层，最后的图形效果如下图所示。

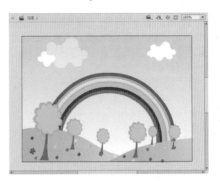

14 选择【文件】|【保存】命令，打开【另存为】对话框，设置文件名为"彩虹风景"，单击【保存】按钮进行保存。

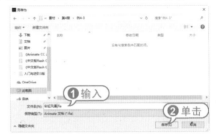

4.5 疑点解答

● 问：如何将制作的滤镜效果方案保存起来？

答：首先为对象设置滤镜效果，然后在【属性】面板中的【滤镜】选项卡中单击【选项】按钮 ，在弹出的菜单中选择【另存为预设】命令，打开【将预设另存为】对话框，在【预设名称：】文本框中输入方案的名称后，单击【确定】按钮，即可将预设方案保存。下次选中要添加滤镜效果的对象后，可以单击【选项】按钮 ，然后在弹出的菜单中选择已经保存的预设选项，即可将该滤镜效果直接添加到对象上。

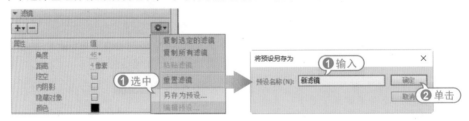

第5章

添加和设置文本

文本是Animate CC动画中重要的组成元素之一，可以起到帮助动画表述内容以及美化动画的作用。本章将介绍文本的创建和编辑的相关内容。

例5-1 输入静态文本
例5-2 创建输入文本
例5-3 分离文本
例5-4 文字链接

5.1 创建文本对象

使用【工具】面板中的【文本】工具可以创建文本对象。在创建文本对象之前，首先还需要明确所使用的文本类型，然后通过文本工具创建对应的文本框，从而实现不同类型的文本对象的创建。

5.1.1 文本的类型

使用【文本工具】 T 可以创建多种类型的文本，在Animate CC 2017中，文本类型可分为静态文本、动态文本、输入文本3种。

● 静态文本：默认状态下创建的文本对象均为静态文本，它在影片的播放过程中不会发生动态改变，因此常被用来作为说明文字。

● 动态文本：该文本对象中的内容可以动态改变，甚至可以随着影片的播放自动更新，例如用于比分或者计时器等方面的文字。

● 输入文本：该文本类型是指用户输入的任何文本或可以编辑的动态文本。该文本对象在影片的播放过程中用于在用户与Flash动画之间产生互动。例如，在表单中输入用户姓名等信息。

以上3种文本类型都可以在【文本工具】的【属性】面板中进行设置。

5.1.2 创建静态文本

要创建静态水平文本，首先应在【工具】面板中选择【文本工具】 T ，当光标变为 形状时，在舞台中单击即可创建一个可扩展的静态水平文本框，该文本框的右上角具有方形手柄标识，其输入区域可随需要自动横向延长。

静态水平文本

如果选择【文本工具】后在舞台中拖放，则可以创建一个具有固定宽度的静态水平文本框，该文本框的右上角具有方形手柄标识，其输入区域宽度是固定的，当输入文本超出宽度时将自动换行。

此外，静态文本还可以输入垂直方向的文本，只需在【属性】面板中进行设置即可。

【例5-1】创建新文档，输入垂直的静态文本。

● 视频+素材 (光盘素材\第05章\例5-1)

01 启动Animate CC 2017，新建一个文档。选择【文件】|【导入】|【导入到舞台】命令，打开【导入】对话框，选择一

个位图文件，然后单击【打开】按钮。

02 选择【修改】|【文档】命令，打开【文档设置】对话框，单击【匹配内容】按钮，然后单击【确定】按钮。

03 此时舞台和图片内容大小相一致，效果如下图所示。

04 在【工具】面板中选择【文本工具】，打开其【属性】面板，选择【静态

文本】选项，单击【改变文字方向】下拉按钮，选择【垂直、从左向右】选项。在【字符】选项组中设置【系列】为【华文行楷】字体，【大小】为40磅，颜色为蓝色。

05 在舞台上拖动鼠标，创建一个文本框，然后输入静态文本。

06 选择【文件】|【保存】命令，打开【另存为】对话框，将该文档以"输入静态文本"为名保存起来。

5.1.3 创建动态文本

要创建动态文本，选择【文本工具】，打开【属性】面板，单击【静态文本】按钮，在弹出的下拉列表中选择【动态文本】类型，此时单击舞台，可以创建一个具有固定宽度和高度的动态水平文本框，拖动可以创建一个自定义固定宽度的动态水平文本框。在文本框中输入文字，即可创建动态文本。

动态文本

此外，用户还可以创建动态可滚动文本，动态可滚动文本的特点是：可以在指定大小的文本框内显示超过该范围的文本内容。创建滚动文本后，其文本框的右下方会显示一个黑色的实心矩形手柄。

动态可滚动文本

创建动态可滚动文本有以下几种方法。

💢 按住Shift键的同时双击动态文本框的圆形或方形手柄。

💢 使用【选择】工具选中动态文本框，然后选择【文本】|【可滚动】命令。

💢 使用【选择】工具选中动态文本框，右击该动态文本框，在打开的快捷菜单中选择【可滚动】命令。

5.1.4 创建输入文本

输入文本可以在动画中创建一个允许用户填充的文本区域，因此它主要出现在一些交互性比较强的动画中，如有些动画需要用到内容填写、用户名或者密码输入等操作，就都需要添加输入文本。

选择【文本工具】，在【属性】面板中选择【输入文本】类型，单击舞

台，可以创建一个具有固定宽度和高度的动态水平文本框；拖动水平文本框可以创建一个自定义固定宽度的动态水平文本框。

【例5-2】创建新文档，在其中创建输入文本。

🎬 视频+素材 (光盘素材\第05章\例5-2)

01 启动Animate CC 2017，新建一个文档。选择【文件】|【导入】|【导入到舞台】命令，打开【导入】对话框，选择一个位图文件，然后单击【打开】按钮。

02 使用【任意变形工具】调整图片大小，然后选择【修改】|【文档】命令，打开【文档设置】对话框，单击【匹配内容】按钮，然后单击【确定】按钮。

03 此时舞台和图片内容大小一致，效果如下图所示。

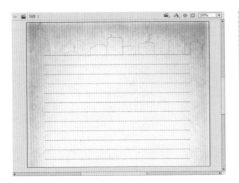

04 在【工具】面板中选择【文本工具】，打开其【属性】面板，选择【静态文本】选项，设置【系列】为"华文行楷"，【大小】为20磅，文字颜色为蓝色。

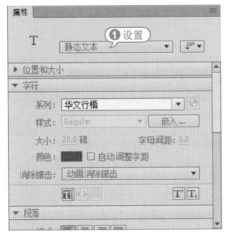

05 在信纸的第一行创建文本框并输入文字"至亲吾友："。

06 在【工具】面板中选择【文本工具】，打开其【属性】面板，选择【输入文本】选项，设置字体为隶书，【大小】为20磅，文字颜色为红色，最后打开【段落】选项组，在【行为】里选择【多行】选项。

07 在舞台中拖动鼠标，绘制一个文本区域并调整大小和位置。

08 按下Ctrl+Enter组合键将文件导出并

预览动画，然后在其中输入文字测试动画效果。

09 选择【文件】|【保存】命令，打开【另存为】对话框，将该文档以"输入文本"为名保存起来。

5.2 文本的编辑

创建文本后，可以对文本进行一些编辑操作，主要包括设置文本属性，对文本进行分离、变形等编辑，还可以使用文本链接。

5.2.1 设置文本属性

用户可以通过【文本工具】的属性面板对文本的字体和段落属性进行设置，以改变字体和段落的样式。

1 设置字符属性

在【属性】面板的【字符】选项组中，可以设置选定文本字符的字体、字体大小和颜色等。

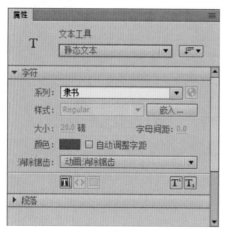

【字符】选项组中的主要参数选项的具体作用如下。

◖ 【系列】：可以在下拉列表中选择文本字体。

◖ 【样式】：可以在下拉列表中选择文本字体样式，例如加粗、倾斜等。

◖ 【大小】：设置文本字体大小。

◖ 【颜色】：设置文本字体颜色。

◖ 【消除锯齿】：提供5种消除锯齿模式。

◖ 【字母间距】：设置文本字符间距。

◖ 【自动调整字距】：选中该复选框，系统会自动调整文本内容的合适间距。

进阶技巧

设置文本颜色时只能使用纯色，而不能使用渐变色。如果要对文本应用渐变色，必须将文本转换为线条或填充图形。

2 设置段落属性

在【属性】面板的【段落】选项组中，可以设置对齐方式、边距、缩进和行距等。

其中主要参数选项的具体作用如下。

🍃【格式】：设置段落文本的对齐方式。

🍃【间距】：设置段落边界和首行开头之间的距离以及段落中相邻行之间的距离。

🍃【边距】：设置文本框的边框和文本段落之间的间隔。

🍃【行为】：为动态文本和输入文本提供单行或多行的设置。

5.2.2 选择文本

在编辑文本或更改文本属性时，必须先选中要编辑的文本。在工具箱中选择【文本】工具后，进行如下操作，可选择所需的文本对象。

🍃在需要选择的文本上按下鼠标左键并向左或向右拖动，可以选择文本框中的部分或全部文本。

🍃在文本框中双击，可以选择一个英文单词或连续输入的中文。

🍃在文本框中单击确定所选择的文本的开始位置，然后按住Shift键单击所选择的文本的结束位置，可以选择开始位置和结束位置之间的所有文本。

🍃在文本框中单击，然后按Ctrl + A快捷键，可以选择文本框中所有的文本对象。

🍃要选择文本框，可以选择【选择】工具，然后单击文本框。要选择多个文本框，可以在按下Shift键的同时，逐一单击需要选择的文本框。

5.2.3 分离文本

在Animate CC中，文本的分离原理和分离方法与之前介绍的分离图形相类似。

选中文本后，选择【修改】|【分离】命令将文本分离1次可以使其中的文字成为单个的字符，分离2次可以使其成为填充图形，如下图所示为分离1次的效果。

如下图所示为分离2次变为填充图形的效果。

Animate CC

文本一旦被分离为填充图形后就不再具有文本的属性，而拥有了填充图形的属性。对于分离为填充图形的文本，用户不能再更改其字体或字符间距等文本属性，但可以对其应用渐变填充或位图填充等填充属性。

【例5-3】利用分离文本功能制作多彩文字。

🎬视频+素材 (光盘素材\第05章\例5-3)

01 启动Animate CC 2017，新建一个文档。在【工具】面板中选择【文本工具】，在【属性】面板中选择【静态文本】选项，设置【系列】为"方正超粗黑简体"，【大小】为60，文字颜色为黑色。

02 在舞台中单击创建一个文本框，然后输入文字"分离文本"。

03 选中文本内容，连续进行2次【修改】|【分离】命令将文本分离为填充图形。

04 打开【颜色】面板，选择填充颜色为【线性渐变】选项，设置填充颜色为彩虹色。

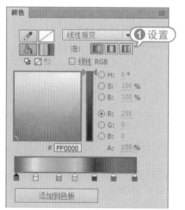

05 在【工具】面板中选择【颜料桶工具】，在各个文字上单击鼠标并任意拖动，释放鼠标即可得到各种不同的多彩文字效果。

5.2.4 变形文本

将文本分离为填充图形后，可以非常方便地改变文字的形状。要改变分离后文本的形状，可以使用【工具】面板中的【选择】工具或【部分选取】工具，对其进行各种变形操作。

🔹 使用【选择】工具编辑分离文本的形状时，可以在未选中分离文本的情况下将光标靠近分离文本的边界，当光标变为🔹或🔹形状时，按住鼠标左键进行拖动，即可改变分离文本的形状。

🔹 使用【部分选取】工具对分离文本进行编辑操作时，可以先使用【部分选取】工具选中要修改的分离文本，使其显示出节点。然后选中节点进行拖动或编辑其曲线调整柄。

5.2.5 消除文本锯齿

选中舞台中的文本，然后进入【属性】面板的【字符】选项组，在【消除锯齿】下拉列表框中选择所需的消除锯齿选项即可消除文本锯齿。

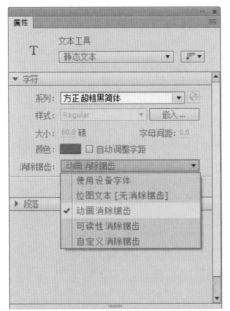

如果选择【自定义消除锯齿】选项，系统还会打开【自定义消除锯齿】对话框，用户可以在该对话框中设置详细的参数来消除文本锯齿。

5.2.6 添加文字链接

在Animate CC中，可以将静态或动态的水平文本链接到URL，从而在单击该文本时，可以跳转到其他文件、网页或电子邮件。

要将水平文本链接到URL，首先要使用工具箱中的【文本】工具选择文本框中的部分文本，或使用【选择】工具从舞台中选择一个文本框，然后在其属性面板的【链接】中输入要将文本块链接到的URL地址。

【例5-4】使用文字链接功能。
⑤ 视频+素材 (光盘素材\第05章\例5-3)

01 启动Animate CC 2017，新建一个文档。选择【文件】|【导入】|【导入到舞台】命令，打开【导入】对话框，选择一张位图图片文件，然后单击【打开】按钮。

02 此时在舞台上显示该图片，调整其大小和位置。

03 在【工具】面板中选择【文本工具】，在其【属性】面板中选择【静态文本】选项，设置字体为华文琥珀，大小为60，颜色为绿色。

04 单击舞台合适位置，在文本框中输入"百度一下"文本。

05 选中文本，在【属性】面板中打开【选项】选项组，在【链接】文本框内输入百度网的网址。

06 此时该文本呈现下划线，表明已经形成链接。

07 按Ctrl+Enter键测试影片，将光标移至文本上方，光标会变为手型，单击文本，即可打开浏览器，进入百度网首页。

5.3 使用文字效果

在Animate CC中，可以为文本添加滤镜、上下标、段落设置等效果。

5.3.1 使用文本滤镜

滤镜是一种应用到对象上的图形效果，Animate CC 2017允许对文本添加滤镜效果，使文字表现效果更加绚丽多彩。

选中文本后，打开【属性】面板，单击【滤镜】选项，打开该选项组，单击【添加滤镜】按钮 **+▼**，在弹出的下拉列表中可以选择要添加的滤镜选项，也可以删除、启用和禁止滤镜效果。添加后的滤镜效果将会显示在【滤镜】选项组中，如果单击【删除滤镜】按钮 **—**，可以删除选中的滤镜效果。

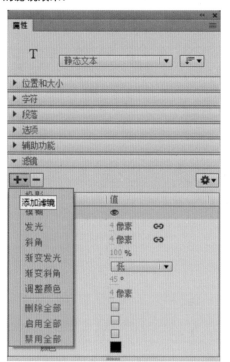

例如使用【投影】滤镜时，文本效果

如下图所示。

使用【模糊】滤镜时，文本效果如下图所示。

使用【发光】滤镜时，文本效果如下图所示。

使用【斜角】滤镜时，文本效果如下图所示。

使用【渐变发光】滤镜时，文本效果如下图所示。

使用【渐变斜角】滤镜时，文本效果如下图所示。

使用【调整颜色】滤镜时，文本效果如下图所示。

5.3.2 使用上下标文本

在输入某些特殊文本时(比如一些数学公式)，需要将文本内容转为上下标类型，用户在【属性】面板中进行设置即可。

【例5-5】制作上下标文本的公式。
🕙视频+素材 (光盘素材\第05章\例5-5)

01 启动Animate CC 2017，新建一个文档。在【工具】面板中选择【文本工具】，在其【属性】面板中选择【静态文

本】选项，设置字体为Arial，大小为60，颜色为蓝色。

02 使用【文本工具】在舞台中输入一组数学公式。

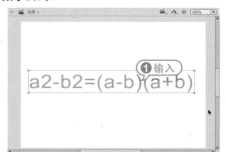

03 选中字母后面的"2"，在【属性】面板中单击【切换上标】按钮T^1，设置为上标文本。

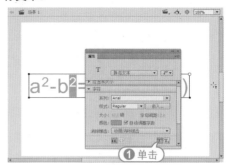

04 继续再输入一组公式，效果如下图所示。

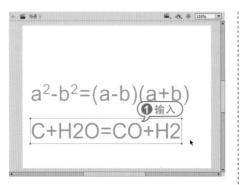

05 选中字母后面的"2"，在【属性】面板中单击【切换下标】按钮 T_1，设置为下标文本。

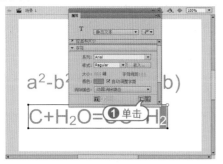

06 选择【文件】|【保存】命令，将该文档以"制作上下标文本"为名保存。

5.3.3 调整文本段落

Animate CC中的文本一般以默认的间距显示。用户可以根据需要重新调整文本的间距和行距，使文本内容的显示更加清晰。

01 在【工具】面板中选择【文本工具】，输入文本并选中文本。

02 在其【属性】面板上打开【段落】选项组，在【间距】后输入50，【行距】后输入15，改变文本段落的设置。

5.4 进阶实战

本章的进阶实战部分为制作登录界面和制作卡片两个综合实例操作，用户通过练习从而巩固本章所学知识。

5.4.1 制作登录界面

【例5-6】制作登录界面。
🔘 视频+素材 (光盘素材\第05章\例5-6)

01 启动Animate CC 2017，打开一个素材文档。

02 选择【插入】|【时间轴】|【图层】命令，插入新图层，显示在【时间轴】面板中。

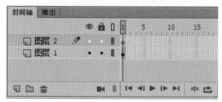

03 打开【工具】面板，选择【文本工具】，打开其【属性】面板，设置文本类型为【输入文本】，样式为微软雅黑，大

小为22，颜色为蓝色。

04 在舞台中图形上的【用户名：】和【密码：】项目后绘制两个文本框。

05 使用【选择工具】选中文本框，打开其【属性】面板，单击【在文本周围显示边框】按钮▦。

06 此时文本框将显示边框，效果如下图所示。

07 选择【密码：】文字后的文本框，打开【属性】面板的【段落】选项组，在【行为】下拉列表中选择【密码】选项，设置文本的行为类型为密码。

08 选择任意一个文本框，选择【文本】|【字体嵌入】命令，打开【字体嵌入】对话框，为文本所设置的字体设置名称"微软雅黑"，然后单击【添加新字体】按钮 ，设置文本字体嵌入文件，单击【确定】按钮。

09 选择任意一个文本框，打开【属性】面板，设置【消除锯齿】项为【使用设备字体】选项，使用相同方法设置另一个文本框。

10 选择【文件】|【另存为】命令，打开【另存为】对话框，将其命名为"登录界面"加以保存。

11 按Ctrl+Enter键测试影片，输入用户名和密码，密码文本以星号显示。

5.4.2 制作卡片

【例5-7】制作一张电子圣诞卡片。
🎬 视频+素材 (光盘素材\第05章\例5-6)

01 启动Animate CC 2017，新建一个文档。选择【文件】|【导入】|【导入到舞台】命令，打开【导入】对话框，选择一张位图文件，单击【打开】按钮将其导入到舞台中。

02 选择【修改】|【文档】命令，打开【文档设置】对话框，单击【匹配内容】按钮，然后单击【确定】按钮。

03 选择【插入】|【时间轴】|【图层】命令，插入新图层，显示在【时间轴】面板中。

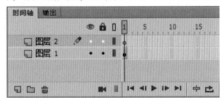

04 选择【文本工具】，打开其【属性】面板，设置文本类型为静态文本，系列为Ravie，大小为30，颜色为天蓝色。

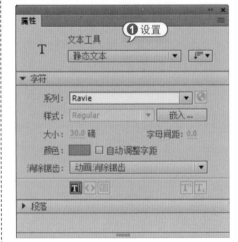

05 在舞台中单击建立文本框，输入"Merry Christmas"文本。

06 选中文本，连续两次按下Ctrl+B键，将文本分离成图形对象。

07 选择【墨水瓶工具】，设置笔触颜色为红色，单击每一个字母图形，使这些图形对象的笔触颜色为红色。

08 选择【选择工具】，选中并删除图形对象中的填充内容，剩下图形外框，也就是删除字母的内部填充色，保留字母的笔触。

09 选中图形的外框，选择【颜料桶工具】，单击【笔触颜色】按钮，在打开的面板中选择彩虹色。

10 选中图形外框，按下Ctrl+G键组合对象，最后的效果如下图所示。

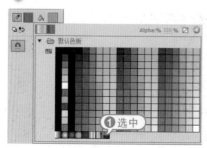

5.5 疑点解答

● 问：如何制作半透明文字？

答：选择【文本工具】，在舞台上输入文本，打开【颜色】面板，单击【填充颜色】色块，打开【拾色器】面板，在右上角设置【Alpha】数值，例如调整为20，原来黑色文字半透明后，成为灰色文字。

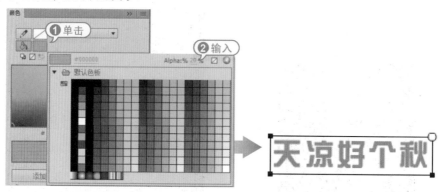

第6章

导入外部对象

Animate CC 2017作为矢量动画处理程序，也可以导入外部位图和视频、音频等多媒体文件作为特殊的元素应用，从而为制作动画提供了更多可以应用的素材，本章将主要介绍在Animate CC 2017中导入和使用外部元素对象的操作内容。

对应光盘视频

例6-1 转换位图为矢量图
例6-2 添加按钮声音
例6-3 制作视频播放器

6.1 导入图形

Animate CC虽然也支持图形的绘制，但是它毕竟无法与专业的绘图软件相媲美，因此，从外部导入制作好的图形元素成为动画设计制作过程中常用的操作。

6.1.1 导入图形的格式

Animate CC可以导入目前大多数主流的图像格式，具体的文件类型和文件扩展名可以参照下表。

文件类型	扩展名
Adobe Illustrator	.eps、.ai
AutoCAD DXF	.dxf
BMP	.bmp
增强的Windows元文件	.emf
GIF和GIF动画	.gif
JPEG	.jpg
PICT	.pct、.pic
PNG	.png
Flash Player	.swf
MacPaint	.pntg
Photoshop	.psd
QuickTime图像	.qtif
Silicon图形图像	.sgi
TGA	.tga
TIFF	.tif

6.1.2 导入位图

位图是制作影片时最常用到的图形元素之一，在Animate CC中默认支持的位图格式包括BMP、JPEG以及GIF等。

要将位图图像导入舞台，可以选择【文件】|【导入】|【导入到舞台】命令，打开【导入】对话框，选择需要导入的图形文件后，单击【打开】按钮即可将其导入到当前的文档舞台中。

在导入图像文件时，可以选中多个图像同时导入。

用户不仅可以将位图图像导入到舞台中直接使用，也可以选择【文件】|【导入】|【导入到库】命令，先将需要的位图图像导入到该文档的【库】面板中，在需要时打开【库】面板再将其拖至舞台中使用。

6.1.3 编辑导入的位图

在导入位图文件后，可以进行各种编辑操作，例如修改位图属性、将位图分离或者将位图转换为矢量图等。

1 设置位图属性

要修改位图图像的属性，可在导入位图图像后，在【库】面板中位图图像的名

称处右击，在弹出的快捷菜单中选择【属性】命令，打开【位图属性】对话框进行设置。

在【位图属性】对话框中，主要参数选项的具体作用如下。

● 在【选项】选项卡第一行的文本框中显示的是位图图像的名称，可以在该文本框中更改位图图像在Animate中显示的名称。

● 【允许平滑】：选中该复选框，可以使用消除锯齿功能平滑位图的边缘。

● 【压缩】：在该选项下拉列表中选择【照片(JPEG)】选项，可以以JPEG格式压缩图像，对于具有复杂颜色或色调变化的图像，常使用【照片(JPEG)】压缩格式；选择【无损(PNG/GIF)】选项，可以使用无损压缩格式压缩图像，这样不会丢失该图像中的任何数据，具有简单形状和相对较少颜色的图像，则常使用【无损(PNG/GIF)】压缩格式。

● 【品质】：有【使用导入的JPEG数据】和【自定义】单选按钮可以选择，在【自定义】后面输入数值可以调节压缩位图品质，值越大图像越完整，同时产生的文件也就越大。

● 【更新】按钮：单击该按钮，可以按照设置对位图图像进行更新。

● 【导入】按钮：单击该按钮，打开【导入位图】对话框，选择导入新的位图图

像，以替换原有的位图图像。

👆【测试】按钮：单击该按钮，可以对设置效果进行测试，在【位图属性】对话框的下方将显示设置后图像的大小及压缩比例等信息，可以将原来的文件大小与压缩后的文件大小进行比较，从而确定选定的压缩设置是否可以接受。

2 分离位图

分离位图可将位图图像中的像素点分散到离散的区域中，这样可以分别选取这些区域并进行编辑修改。

在分离位图时可以先选中舞台中的位图图像，然后选择【修改】|【分离】命令，或者按下Ctrl+B组合键即可对位图图像进行分离操作。在使用【选择】工具选择分离后的位图图像时，该位图图像上被均匀地蒙上了一层细小的白点，这表明该位图图像已完成了分离操作，此时可以使用工具箱中的图形编辑工具对其进行修改。

3 位图转换为矢量图

要将位图转换为矢量图，选中要转换的位图图像，选择【修改】|【位图】|【转换位图为矢量图】命令，打开【转换位图为矢量图】对话框。

进阶技巧

如果对位图进行了较高精细度的转换，则生成的矢量图形可能会比原来的位图要大的多。

该对话框中各选项功能如下.

👆【颜色阈值】：可以在文本框中输入1~500之间的值。当该阈值越大时转换后的颜色信息也就丢失的越多，但是转换的速度会比较快。

👆【最小区域】：可以在文本框中输入1~1000之间的值，用于设置在指定像素颜色时要考虑的周围像素的数量。该文本框中的值越小，转换的精度就越高，但相应的转换速度会较慢。

👆【角阈值】：可以选择是保留锐边还是进行平滑处理，在下拉列表中选择【较多转角】选项，可使转换后的矢量图中的尖角保留较多的边缘细节；选择【较少转角】选项，则转换后矢量图中的尖角边缘细节会较少。

👆【曲线拟合】：可以选择用于确定绘制轮廓的平滑程度，在下拉列表中包括【像素】、【非常紧密】、【紧密】、【正常】、【平滑】和【非常平滑】6个选项。

【例6-1】转换位图为矢量图并进行编辑。
🔘视频+素材 (光盘素材\第06章\例6-1)

01 启动Animate CC 2017，新建一个文档,选择【文件】|【导入】|【导入到舞

台】命令，打开【导入】对话框，选择一张位图图像，单击【打开】按钮，导入到舞台中。

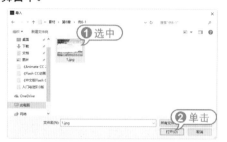

02 选中导入的位图图像，选择【修改】|【位图】|【转换位图为矢量图】命令，打开【转换位图为矢量图】对话框。设置【颜色阈值】为10，单击【确定】按钮。对于一般的位图图像而言，设置【颜色阈值】为10~20，可以保证图像不会明显失真。

03 此时位图已经转换为矢量图形。

04 选择【工具】面板中的【滴管工具】，将光标移至图像中间的白云位置，

单击左键吸取图像颜色。

05 选择【工具】面板中的【画笔工具】，将光标移至图像中间的字符上，拖动左键刷上白色掩盖文字。

06 选择【工具】面板中的【文本工具】，在其【属性】面板中设置文本类型为静态文本，设置文本颜色为绿色，字体为华文琥珀，大小为40。

07 单击舞台中的图片，在文本框中输入文本。

08 选择【文件】|【保存】命令，打开【另存为】对话框，将其命名为"位图转换为矢量图"，单击【保存】按钮。

6.1.4 导入其他格式

在Animate CC 2017中，还可以导入PSD、AI等格式的图像文件，导入这些格式的图像文件可以保证图像的质量和保留图像的可编辑性。

1 导入PSD文件

PSD格式是Photoshop默认的文件格式。Animate CC可以直接导入PSD文件并保留许多Photoshop功能，而且可以在Animate CC中保持PSD文件的图像质量和可编辑性。

要导入Photoshop的PSD文件，选择【文件】|【导入】|【导入到舞台】命令，在打开的【导入】对话框中选中要导入的PSD文件，然后单击【打开】按钮，打开

【将*.psd导入到舞台】对话框。

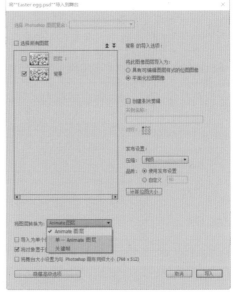

在【将*.psd导入到舞台】对话框中，【将图层转换为】选项有3个选项，其具体的作用如下。

🍃 【Animate 图层】：选择该选项后，在图层列表框中选中的图层导入Animate CC后将会放置在各自的图层上，并且具有与原来Photoshop图层相同的图层名称。

🍃 【单一Animate 图层】：选择该选项后，可以将导入文档中的所有图层转换为文档中的单个平面化图层。

🍃 【关键帧】：选择该选项后，在图层列表框中选中的图层，导入Animate CC后将

会按照Photoshop图层从下到上的顺序，将它们分别放置在一个新图层的从第1帧开始的各关键帧中，并且以PSD文件的文件名来命名该新图层。

【将*.psd导入到库】对话框中其他主要参数选项的具体作用如下。

🔹 【将对象置于原始位置】：选中该复选框，导入的PSD文件内容将保持在Photoshop中的准确位置。例如，如果某对象在Photoshop中位于X=100、Y=50的位置，那么在舞台上将具有相同的坐标。如果没有选中该选项，那么导入的Photoshop图层将位于舞台的中间位置。PSD文件中的项目在导入时将保持彼此的相对位置，所有对象在当前视图中将作为一个块位于中间位置。这个功能适用于放大舞台的某一区域，并为舞台的该区域导入特定对象。如果此时使用原始坐标导入对象，则可能无法看到导入的对象，因为它可能被置于当前舞台视图之外。

🔹 【将舞台大小设置为与Photoshop 画布同样大小】：选中该复选框，导入PSD文件时，文档的大小会调整为与创建PSD文件所用的Photoshop文档相同的大小。

2 导入AI文件

AI文件是Illustrator软件的默认保存格式，由于该格式不需要针对打印机，所以精简了很多不必要的打印定义代码语言，从而使文件的体积减小很多。

要导入AI文件，选择【文件】|【导入】|【导入到舞台】命令，在打开的【导入】对话框中选中要导入的AI文件，然后单击【确定】按钮，打开【将*.ai导入到舞台】对话框。

在【将*.ai导入到舞台】对话框中的【将图层转换为】选项中，可以选择将AI文件的图层转换为Animate图层、关键帧或单一Animate图层。

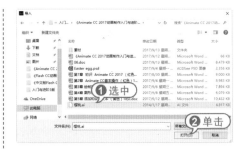

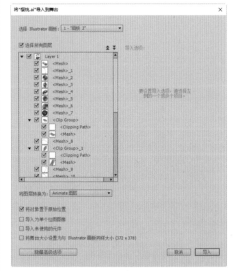

在【将*.ai导入到舞台】对话框中，其他主要参数选项的具体作用如下。

🔹 【将对象置于原始位置】：选中该复选框，导入AI图像文件的内容将保持在Illustrator中的准确位置。

🔹 【导入为单个位图图像】：选中该复选框，可以将AI图像文件整个导入为单个的位图图像，并禁用【将*.ai导入到舞台】对话框中的图层列表和导入选项。

🔹 【导入未使用的元件】：选中该复选框，在Illustrator画板上没有实例的所有AI图像文件的库元件都将导入到Animate库中。如果没有选中该选项，那么没有使用的元件就不会被导入到Animate中。

【将舞台大小设置为与Illustrator画板同样大小】：选中该复选框，导入AI图像文件，设计区的大小将调整为与AI文件的画板(或活动裁剪区域)相同的大小。默认情况下，该选项是未选中状态。

比如导入一个AI文件，打开【将"*.ai"导入到库】对话框，在【将图层转换为】下拉列表中选中【单一Animate图层】选项，然后单击【确定】按钮。

选择多个混合对象，选择【修改】|【组合】命令，将其组合为一个图形，然后选择【修改】|【转换为位图】命令，此时将该组合转换为位图。

6.2 导入声音

声音是Animate动画的重要组成元素之一，它可以增添动画的表现能力。在Animate CC中，用户可以使用多种方法在影片中添加音频文件，从而创建出有声影片。

6.2.1 声音相关知识

在Animate动画中插入声音文件，首先需要确定插入声音的类型。Animate CC 2017中的声音分为事件声音和音频流两种。

● 事件声音：事件声音必须在动画全部下载完后才可以播放，如果没有明确的停止命令，它将连续播放。在Animate动画中，事件声音常用于设置单击按钮时的音效，或者用来表现动画中某些短暂的音效。因为事件声音在播放前必须全部下载才能播放，所以此类声音文件不能过大，以减少下载动画的时间。在运用事件声音时要注意，无论什么情况下，事件声音都是从头开始播放的，且无论声音的长短都只能插入到一个帧中。

● 音频流：音频流在前几帧下载了足够的数据后就开始播放，通过和时间轴同步可以使其更好地在网站上播放，可以边观看边下载。此类声音大多应用于动画的背景音乐。在实际制作动画的过程中，绝大多数是结合事件声音和音频流两种类型声音的方法来插入音频。

声音的采样率是采集声音样本的频率，即在一秒钟的声音中采集了多少次样本。几乎所有的声卡内置的采样频率都是44.1 kHz。

声音要使用大量的磁盘空间和RAM内存。但是，mp3声音数据经过了压缩，比WAV或AIFF声音数据小。通常，使用WAV或AIFF文件时，最好使用16-22 kHz单声道(立体声使用的数据量是单声道的两倍)，但是Animate可以导入采样比率为11 kHz、22 kHz或44 kHz的8位或16位的声音。将声音导入Animate时，如果声音的记录格式不是11 kHz的倍数(例如8、32或96 kHz)，将会重新采样。在导出时，

Animate会把声音转换成采样率更低的声音。如果要向 Animate中添加声音效果，最好导入16位声音。如果RAM内存有限，应使用短的声音剪辑或用8位声音而不是16位声音。

进阶技巧

声音还有声道的概念，声道也就是声音通道。把一个声音分解成多个声音通道，再分别进行播放。增加一个声道也就意味着多一倍的信息量，声音文件也相应大一倍，为减小声音文件的大小，在Animate动画中通常使用单声道。

6.2.2 导入声音的操作

Animate CC在导入声音时，可以为按钮添加声音效果，也可以将声音导入到时间轴上，作为整个动画的背景音乐。在Animate CC 2017中，可以将外部的声音文件导入到动画中，也可以使用共享库中的声音文件。

1 导入声音到库

在Animate CC 2017中，可以导入WAV、MP3等文件格式的声音文件，但不能直接导入MIDI文件。导入文档的声音文件一般会保存在【库】面板中，因此与元件一样，只需要创建声音文件的实例即可以各种方式在动画中使用该声音。

要将声音文件导入Animate文档的【库】面板中，可以选择【文件】|【导入】|【导入到库】命令，打开【导入到库】对话框，选择导入的声音文件，单击【打开】按钮。此时将添加声音文件至【库】面板中.

2 导入声音到舞台

导入声音文件后，可以将声音文件添加到文档中。要在文档中添加声音，从【库】面板中拖动声音文件到舞台中，即可将其添加至当前文档中。选择【窗口】|【时间轴】命令，打开【时间轴】面板，在该面板中显示了声音文件的波形。

选择时间轴中包含声音波形的帧，打开【属性】面板，可以查看【声音】选项的属性。

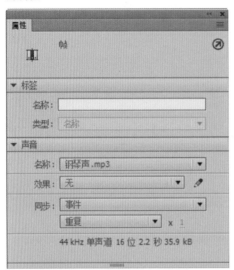

在帧【属性】面板中，【声音】选项组主要参数选项的具体作用如下。

🔘 【名称】：选择导入的一个或多个声音的文件名称。

🔘 【效果】：用于设置声音的播放效果。

🔘 【同步】：用于设置声音的同步方式。

🔘 【重复】：单击该按钮，在下拉列表中可以选择【重复】和【循环】两个选项，选择【重复】选项，可以在右侧设置声音文件重复播放的次数；选择【循环】选项，声音文件将循环播放。

其中【效果】下拉列表中包括以下几个选项(在 WebGL 和 HTML5 Canvas 文档中不支持这些效果)。

🔘 【无】：不对声音文件应用效果。选中此项将删除以前应用的效果。

🔘 【左声道/右声道】：只在左声道或右声道中播放声音。

🔘 【从左到右淡出/从右到左淡出】：会将声音从一个声道切换到另一个声道。

🔘 【淡入】：随着声音的播放逐渐增加音量。

🔘 【淡出】：随着声音的播放逐渐减小音量。

🔘 【自定义】：允许使用【编辑封套】创建自定义的声音淡入和淡出点。

【同步】下拉列表中包括以下几个选项。

🔘 【事件】：将声音和一个事件的发生过程同步起来。当事件声音的开始关键帧首次显示时，事件声音将播放，并且将完整播放声音，而不管播放头在时间轴上的位置如何，即使 SWF 文件停止播放也会继续播放声音。当播放发布的 SWF 文件时，事件声音会混合在一起。如果事件声音正在播放时声音被再次实例化(例如，用户再次单击按钮或播放头通过声音的开始关键帧)，那么声音的第一个实例继续播放，而同一声音的另一个实例同时开始播放。在使用较长的声音时请记住这一点，因为它们可能发生重叠，导致意外的音频效果。

🔘 【开始】：与【事件】选项的功能相近，但是如果声音已经在播放，则新声音实例就不会播放。

🔘 【停止】：使指定的声音静音。

🔘 【流】：同步声音，以便在网站上播放。Animate 会强制动画和音频流同步。如果 Animate 绘制动画帧的速度不够快，它就会跳过帧。与事件声音不同，音频流随着 SWF 文件的停止而停止。而且，音频流的播放时间绝对不会比帧的播放时间长。当发布 SWF 文件时，音频流混合在一起。在 WebGL 和 HTML5 Canvas 文档中不支持流设置。

3 导入声音到按钮

在Animate CC 2017中，用户可以为按钮元件添加声音，使按钮在不同状态下具有不同的音效。

为按钮添加音效，可先将要添加的声音文件导入【库】面板，并在舞台上创建一个按钮元件；然后双击该按钮元件实例进入其编辑状态，新建一个图层，并在该图层中想添加声音的按钮状态帧上创建一个关键帧；最后选择该关键帧，在【帧】属性面板中的【声音】下拉列表框中选择要添加的声音文件，并在【同步】下拉列表框中选择【事件】选项即可。

【例6-2】新建一个按钮元件，在该元件中插入声音。

📀 视频+素材 (光盘素材\第06章\例6-2)

01 启动Animate CC 2017，新建一个文档，选择【文件】|【导入】|【导入到库】命令，在打开的【导入到库】对话框中导入一个声音文件【钢琴声】和一个位图【钢琴】。

02 将【钢琴】图像从【库】面板中拖动至舞台，选择【修改】|【转换为元件】命令，打开【转换为元件】对话框，选

择【类型】为【按钮】，单击【确定】按钮。

03 双击该元件进入元件编辑模式，此时【时间轴】面板出现4个帧。

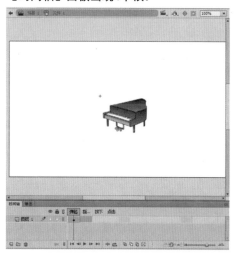

04 分别右击【指针经过】和【按下】帧，在弹出的菜单中选择【插入关键帧】命令，在这两个帧中插入关键帧。

05 将【库】面板中的【钢琴声】声音文件拖入到【按下】帧的舞台上，此时，时间轴的该帧上会显示声音波形。

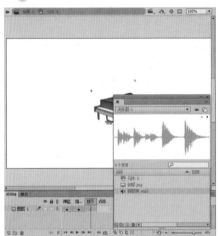

06 完成后将文件以文件名"钢琴按钮发音"进行保存,然后按下Ctrl+Enter组合键进行测试,按下钢琴按钮时,会听到钢琴的声音。

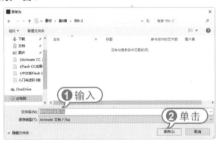

6.2.3 编辑声音

在Animate CC中,可以进行改变声音开始播放、停止播放的位置和控制播放的音量等编辑操作。

1 编辑声音封套

选择一个包含声音文件的帧,打开【属性】面板,单击【编辑声音封套】按钮 ✐,打开【编辑封套】对话框,其中上面和下面两个显示框分别代表左声道和右声道

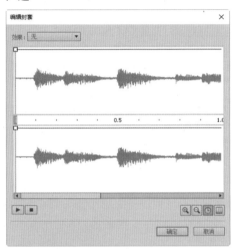

在【编辑封套】对话框中,主要参数选项的具体作用如下。

☞ 【效果】:用于设置声音的播放效果,在该下拉列表框中可以选择【无】、【左声道】、【右声道】、【从左到右淡出】、【从右到左淡出】、【淡入】、【淡出】和【自定义】等8个选项。选择任意效果,即可在下面的显示框中显示该声音效果的封套线。

☞ 封套手柄:在显示框中拖动封套手柄,可以改变声音不同点处的播放音量。在封套线上单击,即可创建新的封套手柄。最多可创建8个封套手柄。选中任意封套手柄,拖动至对话框外面,即可删除该封套手柄。

☞ 【放大】和【缩小】:用于改变窗口中声音波形的显示。单击【放大】按钮 ⊕,可以以水平方向放大显示窗口的声音波形,一般用于进行细致查看声音波形的操作;单击

【缩小】按钮 🔍，以水平方向缩小显示窗口的声音波形，一般用于查看波形较长的声音文件。

🔹【秒】和【帧】：用于设置声音是以秒为单位显示或是以帧为单位显示。单击【秒】按钮 ⏱，以显示窗口中的水平轴为时间轴，刻度以秒为单位，是Animate CC默认的显示状态。单击【帧】按钮 ▦，以窗口中的水平轴为时间轴，刻度以帧为单位。

🔹【播放】：单击【播放】按钮 ▶，可以测试编辑后的声音效果。

🔹【停止】：单击【停止】按钮 ■，可以停止声音的播放。

🔹【开始时间】和【停止时间】：拖动 ‖ 改变声音的起始点和结束点位置。

2 【声音属性】对话框

导入声音文件到【库】面板中，右击声音文件，在弹出的快捷菜单中选择【属性】命令，打开【声音属性】对话框。

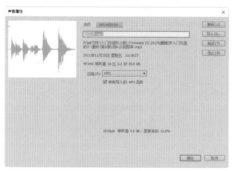

在【声音属性】对话框中，主要参数选项的具体作用如下。

🔹【名称】：用于显示当前选择的声音文件名称。可以在文本框中重新输入名称。

🔹【压缩】：用于设置声音文件在Flash中的压缩方式，在该下拉列表框中可以选择【默认】、【ADPCM】、【MP3】、

【Raw】和【语音】这5种压缩方式。

🔹【更新】：单击该按钮，可以更新设置好的声音文件属性。

🔹【导入】：单击该按钮，可以导入新的声音文件并且替换原有的声音文件。但在【名称】文本框显示的仍是原有声音文件的名称。

🔹【测试】：单击该按钮，按照当前设置的声音属性测试声音文件。

🔹【停止】：单击该按钮，可以停止正在播放的声音。

6.2.4 导出声音

使用Animate CC导出声音文件，除了通过采样比率和压缩控制声音的音量大小，还可以有效地控制声音文件的大小。

在Animate文档中编辑导出声音的操作方法如下。

🔹 打开【编辑封套】对话框，设置开始时间切入点和停止时间切出点(拖动 ‖ 手柄)，避免静音区域保存在文件中，以减小声音文件的大小。

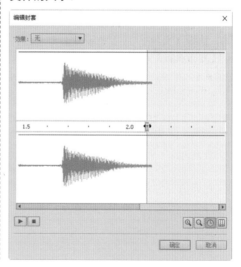

在不同关键帧上应用同一声音文件的不同声音效果，如循环播放、淡入、淡出等。这样只使用一个声音文件而得到更多的声音效果，同时达到减小文件大小的目的。

用短声音作为背景音乐循环播放。

从嵌入的视频剪辑中导出音频时，该音频是通过【发布设置】对话框中选择的全局流设置导出的。

在编辑器中预览动画时，使用流同步可以使动画和音轨保持同步。

在制作动画的过程中，如果没有对声音属性进行设置，也可以在发布文档时设置。选择【文件】|【发布设置】命令，打开【发布设置】对话框。

选中【Flash】复选框，单击右边的【音频流】和【音频事件】链接。可以打开相应的【声音设置】对话框。在该对话框中对声音进行设置。

6.2.5 压缩声音

声音文件的压缩比例越高，采样频率越低，生成的文件越小，但音质较差；反之，压缩比例较低，采样频率越高时，生成的文件越大，音质较好。

打开【声音属性】对话框，在【压缩】下拉列表框中可以选择【默认】、【ADPCM】、【MP3】、【Raw】和【语音】5种压缩方式。

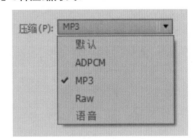

1 【ADPCM】压缩

【ADPCM】压缩方式用于8位或16位声音数据压缩声音文件，一般用于导出短事件声音，例如单击按钮事件。打开【声音属性】对话框，在【压缩】下拉列表框中选择【ADPCM】选项，展开该选项组。

在该选项组中，主要参数选项的具体作用如下。

 【预处理】：选中【将立体声转换为单声道】复选框，可转换混合立体声为单声(非立体声)，并且不会影响单声道声音。

 【采样率】：用于控制声音的保真度及文件大小，设置的采样比率较低，可以减小文件大小，但同时会降低声音的品质。对于语音，5kHz是最低的可接受标准；对于音乐短片，11kHz是最低的声音品质；标准CD音频的采样率为44kHz；Web回放的采样率常用22kHz。

 【ADPCM位】：用于设置在ADPCM编码中使用的位数，压缩比越高，声音文件越小，音效也越差。

2 【MP3】压缩

使用【MP3】压缩方式，能够以MP3压缩格式导出声音。一般用于导出一段较长的音频流(如一段完整的乐曲)。打开【声音属性】对话框，在【压缩】下拉列表框中选择MP3选项，打开该选项组。

在该选项组中，主要参数选项的具体作用如下。

 【预处理】：选中【将立体声转换为单声道】复选框，可转换混合立体声为单声(非立体声)，【预处理】选项只有在选择的比特率高于16Kbps或更高时才可用。

 【比特率】：决定由MP3编码器生成声音的最大比特率，从而可以设置导出声音文件中每秒播放的位数。Animate CC支持8Kbps到160Kbps CBR(恒定比特率)，设置比特率为16Kbps或更高数值，可以获得较好的声音效果。

 【品质】：用于设置压缩速度和声音的品质。在下拉列表框中选择【快速】选项，压缩速度较快，声音品质较低；选择【中】选项，压缩速度较慢，声音品质较高；选择【最佳】选项，压缩速度最慢，声音品质最高。一般情况下，在本地磁盘或CD上运行，选择【中】或【最佳】选项。

3 【Raw】压缩

使用【Raw】压缩方式，在导出声音时不进行任何压缩。打开【声音属性】对话框，在【压缩】下拉列表框中选择【Raw】选项，打开该选项对话框。在该对话框中，主要可以设置声音文件的【预处理】和【采样率】选项。

4 【语音】压缩

使用【语音】压缩方式，能够以适合

于语音的压缩方式导出声音。打开【声音属性】对话框，在【压缩】下拉列表框中选择【语音】选项，打开该选项对话框，可以设置声音文件的【预处理】和【采样率】选项。

　　例如要打开一个带有声音的文档，设置其声音属性，可以按以下步骤操作。

01 打开一个文档，选择【声音】图层的帧，打开其【属性】面板，单击【编辑声音封套】按钮 ✏。

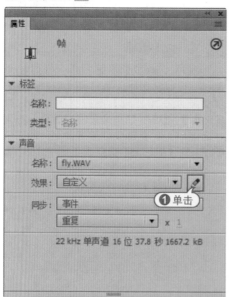

02 打开【编辑封套】对话框，在【效果】下拉列表中选择【从左到右淡出】选项，然后拖动滑块，设置【停止时间】为16秒，然后单击【确定】按钮。

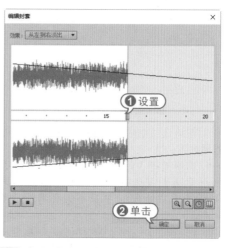

03 打开【库】面板，选择声音文件并右击，弹出快捷菜单，选择【属性】命令。

04 打开【声音属性】对话框，在【压缩】下拉列表中选择【Mp3】选项，在【预处理】选项后面选中【将立体声转换为单声道】复选框，【比特率】选择"64kbps"，【品质】选择"快速"，然后单击【确定】按钮。

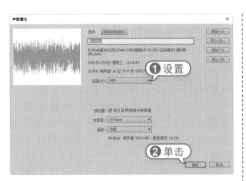

05 选择【文件】|【发布设置】命令，
打开【发布设置】对话框，选中【Flash】
复选框，单击【音频流】和【音频事件】
链接，打开【声音设置】对话框，将【比
特率】设置为64kbps，然后单击【确定】
按钮。

6.3 导入视频

　　Animate 可将数字视频素材编入基于 Web 的演示中。 FLV 和 F4V (H.264) 视频
格式具有技术和创意优势，允许用户将视频、数据、图形、声音和交互式控件融合在
一起。通过 FLV 和 F4V 视频，可以轻松地将视频放到网页上。

6.3.1 导入视频的格式

　　若要将视频导入 Animate 中，必须使
用以 FLV 或 H.264 格式编码的视频。视
频导入向导(使用【文件】|【导入】|【导
入视频】命令)会检查用户选择导入的视频
文件；如果视频不是Animate可以播放的
格式，便会发出提醒。如果视频不是FLV
或 F4V 格式，则可以使用 Adobe Media
Encoder 以适当的格式对视频进行编码。

进阶技巧

　　Adobe Media Encoder 是独立编码应
用程序，提供了一个专用的【导出
设置】对话框，该对话框包含与某
些导出格式关联的许多设置，为特
定传送媒体定制了许多预设。也可
以保存自定义预设，这样就可以与
他人共享或根据需要重新加载它。

　　FLV格式全称为Flash Video，它的
出现有效地解决了视频文件导入Flash后
过大的问题，已经成为现今主流的视频
格式之一。FLV视频格式主要有以下几个
特点。

　　□ FLV视频文件体积小巧，需要占用的
CPU资源较低。一般情况下，1分钟清晰的
FLV视频的大小在1MB左右，一部电影通常
在100MB左右，仅为普通视频文件体积的
1/3。

　　□ FLV是一种流媒体格式文件，用户可以
使用边下载边观看的方式进行欣赏，尤其
对于网络连接速度较快的用户而言，在线
观看几乎不需要等待时间。

　　□ FLV视频文件利用了网页上广泛使用的
Flash Player 平台，这意味着网站的访问者
只要能看Flash动画，自然也就可以看FLV
格式视频，用户无须通过本地的播放器播

放视频。

FLV视频文件可以很方便地被导入到Animate中进行再编辑,包括对其进行品质设置、裁剪视频大小、音频编码设置等操作,从而使其更符合用户的需要。

Flash Player从版本9.0.r115开始引入了对H.264视频编解码器的支持。使用此编解码器的F4V视频格式提供的品质比特率之比远远高于以前的Flash视频编解码器,但所需的计算量要大于随Flash Player 7和8发布的Sorenson Spark和On2 VP6视频编解码器。

遵循下列准则可以提供品质尽可能好的FLV或F4V视频。

在最终输出之前,以项目的原有格式处理视频。如果将预压缩的数字视频格式转换为另一种格式(如FLV或F4V),则以前的编码器可能会引入视频杂波。第一个压缩程序已将其编码算法应用于视频,从而降低了视频的品质并减小了帧大小和帧速率。该压缩可能还会引入数字人为干扰或杂波。这种额外的杂波会影响最终的编码过程,因此,可能需要使用较高的数据速率来编码高品质的文件。

力求简洁:避免使用复杂的过渡,这是因为它们的压缩效果并不好,并且可能使最终压缩的视频在画面过渡时显得"矮胖"。硬切换(相对于溶解)通常具有最佳效果。尽管有一些视频序列的画面可能很吸引人(例如,一个物体从第一条轨道后面由小变大并呈现"页面剥落"效果,或一个物体围绕一个球转动并随后飞离屏幕),但其压缩效果欠佳,因此应少用。

选择适当的帧频:帧频表明每秒钟播放的帧数(fps)。如果剪辑的数据速率较高,则较低的帧速率可以改善通过有限带宽进行播放的效果。但是,如果压缩高速运动的视频,降低帧频会对数据速率产生影响。由于视频在以原有的帧速率观看时效果会好得多,因此,如果传送通道和播放平台允许的话,应保留较高的帧速率。

选择适合于数据速率和帧长宽比的帧大小:对于给定的数据速率(连接速度),增大帧大小会降低视频品质。为编码设置选择帧大小时,应考虑帧速率、源资料和个人喜好。若要防止出现邮筒显示效果,一定要选择与源素材的长宽比相同的帧大小。

了解渐进式下载时间:了解渐进式下载方式下载足够的视频所需的时间,以便它能够播放完视频而不用暂停来完成下载。在下载视频剪辑的第一部分内容时,用户可能希望显示其他内容来掩饰下载过程。对于较短的剪辑,请使用下面的公式:暂停 =下载时间 - 播放时间 + 10% 的播放时间。例如,如果剪辑的播放时间为30秒而下载时间为1分钟,则应为该剪辑提供33秒的缓冲时间(60秒 - 30秒 + 3秒 = 33秒)。

删除杂波和交错:为了获得最佳编码,可能需要删除杂波和交错。原始视频的品质越高,最终的效果就越好。Adobe Animate适用于计算机屏幕和其他设备上的渐进式显示,而不适用于交错显示(如电视)。在渐进式显示器上查看交错素材会显示出高速运动区域中的交替垂直线。这样, Adobe Media Encoder

会删除所处理的所有视频镜头中的交错。

6.3.2 导入视频的方法

用户可以通过以下方法在 Animate 中使用视频。

从 Web 服务器渐进式下载：此方法可以让视频文件独立于Animate文件和生成的SWF文件。

使用Adobe Media Server流式加载视频：此方法也可以让视频文件独立于Animate文件。除了流畅的流播放体验之外，Adobe Media Streaming Server还会为视频内容提供安全保护。

在 Animate 文件中嵌入视频数据：此方法生成的 Animate 文件非常大，因此建议只用于小视频剪辑。。

1 导入供进行渐进式下载的视频

用户可以导入在电脑上本地存储的视频文件，然后将该视频文件导入 FLA 文件后，将其上载到服务器。在 Animate 中，当导入渐进式下载的视频时，实际上仅添加对视频文件的引用。 Animate 使用该引用在本地电脑或 Web 服务器上查找视频文件，也可导入已经上载到标准 Web 服务器、 Adobe Media Server (AMS) 或 Flash Video Streaming Service (FVSS)的视频文件。

01 启动Animate CC，选择【文件】|【导入】|【导入视频】命令，打开【导入视频】对话框。如果要导入本地计算机上的视频，请选中【使用播放组件加载外部视频】单选按钮，单击【浏览】按钮选择本地视频文件。要导入已部署到 Web 服务器、 Adobe Media Server 或 Flash Video Streaming Service的视频，选中【已经部署到 Web 服务器、 Flash Video Streaming Service或Flash Media Server】单选按钮，然后输入视频剪辑的 URL，单击【下一步】按钮。

02 打开【导入视频-设定外观】对话框，可以在【外观】下拉列表中选择播放条样式，单击【颜色】按钮，可以选择播放条样式颜色，然后单击【下一步】按钮。

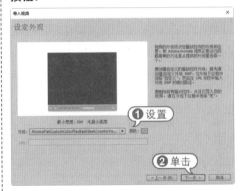

03 打开【导入视频-完成视频导入】对话框，在该对话框中显示了导入视频的一些信息，单击【完成】按钮，即可将视频文件导入到舞台中。

04 视频导入向导在舞台上创建FLVPlayback 视频组件，可以使用该组件在本地测试视频的播放。

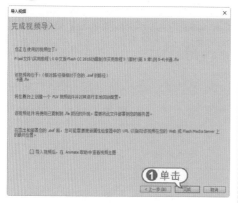

①单击

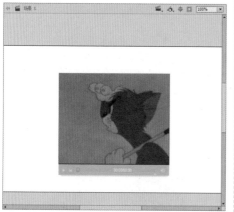

2 流式加载视频

Adobe Media Server 将媒体流实时传送到 Flash Player 和 AIR。Adobe Media Server 基于用户的可用带宽，使用带宽检测传送视频或音频内容。

与嵌入和渐进式下载视频相比，使用 Adobe Media Server 流化视频具有下列优点。

◆ 与其他集成视频的方法相比，流视频播放视频的开始时间更早。

◆ 由于客户端无须下载整个文件，因此流传送使用较少的客户端内存和磁盘空间。

◆ 由于只有用户查看的视频部分才会传送给客户端，因此网络资源的使用变得更加

有效。

◆ 由于在传送媒体流时媒体不会保存到客户端的缓存中，因此媒体传送更加安全。

◆ 流视频具备更好的跟踪、报告和记录能力。

◆ 流传送可以传送实时视频和音频演示文稿，或者通过 Web 摄像头或数码摄像机捕获视频。

◆ Adobe Media Server 为视频聊天、视频信息和视频会议应用程序提供多向和多用户的流传送。

◆ 通过使用服务器端脚本控制视频和音频流，可以根据客户端的连接速度创建服务器端播放曲目、同步流和更智能的传送选项。

进阶技巧

要了解有关 Adobe Media Server 的详细信息，请参阅 www.adobe.com/go/flash_media_server_cn。

3 Animate 文件中嵌入视频

当嵌入视频文件时，所有视频文件数据都将添加到 Animate 文件中。这导致 Animate 文件及随后生成的 SWF文件比较大。视频被放置在时间轴中，可以查看在时间轴帧中显示的单独视频帧。由于每个视频帧都由时间轴中的一个帧表示，因此视频剪辑和 SWF 文件的帧速率必须设置为相同的速率。如果对 SWF 文件和嵌入的视频剪辑使用不同的帧速率，视频播放将不一致。

对于播放时间少于 10 秒的较小视频剪辑，嵌入视频的效果最好。如果正在使用播放时间较长的视频剪辑，可以考虑使用渐进式下载的视频，或者使用 Adobe Media Server 传送视频流。

01 启动Animate CC，选择【文件】|【导

入】|【导入视频】命令，打开【导入视频】对话框。可以选择3个选项。【使用播放组件加载外部视频】：导入视频并创建一个 FLVPlayback 组件实例来控制视频播放。【在SWF中嵌入FLV并在时间轴中播放】：将 FLV 嵌入 Animate 文档中并将其放在时间轴中。【将 H.264 视频嵌入时间轴】：将 H.264 视频嵌入 Animate 文档中。使用此选项导入视频时，视频会被放置在舞台上，以用作设计阶段制作动画的参考。在拖动或播放时间轴时，视频中的帧将呈现在舞台上。相关帧的音频也将回放。

02 单击【浏览】按钮，从电脑中选择视频文件，然后单击【下一步】按钮。(如果电脑上装有 Adobe Media Encoder，且想使用AME将视频转换为另一种格式，可单击【转换视频】按钮转换格式)。

03 下面设定外观等操作和导入供进行渐进式下载的视频操作步骤一致。

04 若要将 FLV、SWF 或 H.264V 视频文件导入库中。选择【文件】|【导入】|【导入到库】命令将其导入到库，在【库】面板中右击现有的视频剪辑，然后从菜单中选择【属性】命令。

05 打开【视频属性】对话框，单击【导入】按钮，打开【导入视频】对话框。选择要导入的文件，单击【打开】按钮即可。

在文档中选择嵌入的视频剪辑后，可以进行编辑操作来设置其属性。选中导入的视频文件，打开其【属性】面板，在【实例名称】文本框中可以为该视频剪辑指定一个实例名称。在【位置和大小】组里的【宽】、【高】、【X】和【Y】后可以设置影片剪辑在舞台中的位置及大小。

在【组件参数】选项组中，可以设置视频组件播放器的相关参数。

6.4 进阶实战

本章的进阶实战部分为制作视频播放器这个综合实例操作，用户通过练习从而巩固本章所学知识。

【例6-3】制作一个视频播放器。
视频+素材 (光盘素材\第06章\例6-3)

01 启动Animate CC，新建一个文档，选择【文件】|【导入】|【导入到舞台】命令，打开【导入】对话框，选择所需导入的图像，单击【打开】按钮，导入到舞台中。

02 选择【文件】|【导入】|【导入视频】命令，打开【导入视频-选择视频】对话框，单击【浏览】按钮。

03 打开【打开】对话框，选择视频文件，然后单击【打开】按钮。

04 返回【导入视频】对话框，单击【下一步】按钮，打开【导入视频-设定外观】对话框。

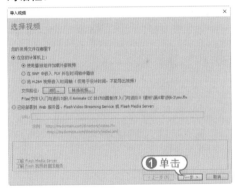

05 在【导入视频-设定外观】对话框中的【外观】下拉列表中选择播放条样式，单击【颜色】按钮，可以选择播放条样式颜色，然后单击【下一步】按钮。

06 打开【导入视频-完成视频导入】对话框，单击【完成】按钮，即可将视频文件导入到舞台中。

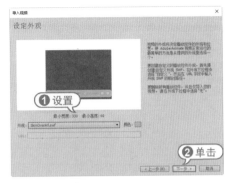

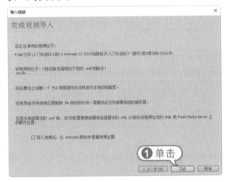

07 选中导入的视频文件，打开【属性】面板，设置视频文件的大小。

08 此时将舞台中的视频嵌入播放器中，如下图所示。

09 按下Ctrl+Enter键，测试动画效果。

6.5 疑点解答

问：在将声音应用到动画中后，为什么声音和动画的播放不能同步？

答：这种情况一般是因为没有正确设置声音的播放模式造成的，具体的解决办法是：在选中帧以后，在【属性】面板中打开【声音】下拉列表，打开【同步】下拉列表框，选择【数据流】选项，然后根据声音的播放情况对动画中相应的帧进行调节即可。经过这种方法处理，就不会再出现声音和动画不同步的现象了。

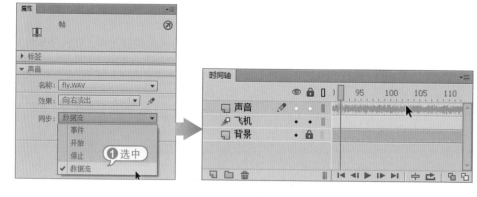

第7章

使用元件、实例和库

　　用户可以将动画元素转换为元件，在动画中多次调用。实例是指在舞台上或者嵌套在另一个元件内部的元件副本。【库】面板是放置和组织元件的地方。本章将介绍元件、实例、库的使用方法。

对应光盘视频

例7-1 动画转换为影片剪辑元件
例7-2 制作按钮元件
例7-3 添加元件实例

7.1 使用元件

元件是存放在库中可被重复使用的图形、按钮或者动画。在Animate CC中，元件是构成动画的基础，凡是使用Animate CC创建的所有文件，都可以通过某个或多个元件来实现。

7.1.1 元件的类型

元件 是指在 Animate CC创作环境中或使用 SimpleButton (AS 3.0) 和MovieClip类一次性创建的图形、按钮或影片剪辑。然后，用户可在整个文档或其他文档中重复使用该元件。

每个元件都有一个唯一的时间轴和舞台，以及几个图层。可以将帧、关键帧和图层添加至元件时间轴，就像可以将它们添加至主时间轴一样。创建元件时需要选择元件类型。

打开Animate CC程序，选择【插入】|【新建元件】命令，打开【创建新元件】对话框。

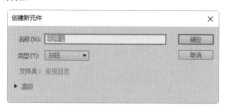

单击【高级】下拉按钮，可以展开对话框，显示更多高级设置。

在【创建新元件】对话框中的【类型】下拉列表中可以选择创建的元件类型，可以选择【影片剪辑】、【按钮】和【图形】3种类型元件。

【影片剪辑】元件：【影片剪辑】元件是Flash影片中一个相当重要的角色，它可以是一段动画，而大部分的Flash影片其实都是由许多独立的影片剪辑元件实例组成的。影片剪辑元件拥有绝对独立的多帧时间轴，可以不受场景和主时间轴的影响。【影片剪辑】元件的图标为。

【按钮】元件：使用【按钮】元件可以在影片中创建响应鼠标单击、滑过或其他动作的交互式按钮，它包括【弹起】、【指针经过】、【按下】和【点击】4种状态，每种状态上都可以创建不同内容，并定义与各种按钮状态相关联的图形，然后指定按钮实现的动作。【按钮】元件另一个特点是每个显示状态均可以通过声音或图形来显示，从而构成一个简单的交互性动画。【按钮】元件的图标为。

【图形】元件：对于静态图像可以使用【图形】元件，并可以创建几个链接到主影片时间轴上的可重用动画片段。【图形】元件与影片的时间轴同步运行，交互式控件和声音不会在【图形】元件的动画序列中起作用。【图形】元件的图标为。

7.1.2 创建元件

创建元件的方法主要有两种，一种是直接新建一个空元件，然后在元件编辑模式下创建元件内容；另一种是将舞台中的某个元素转换为元件。

1 创建【图形】元件

要创建【图形】元件，选择【插入】|【新建元件】命令，打开【创建新元件】对话框，在【类型】下拉列表中选择【图形】选项，单击【确定】按钮。

打开元件编辑模式，在该模式下进行元件制作，可以将位图或者矢量图导入到舞台中转换为【图形】元件。也可以使用【工具】面板中的各种绘图工具绘制图形再将其转换为【图形】元件。

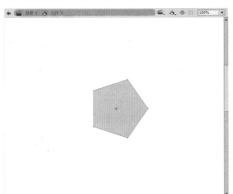

单击舞台窗口的场景按钮 场景1，可以返回场景，也可以单击后退按钮 ，返回到上一层模式。在【图形】元件中，还可以继续创建其他类型的元件。

创建的【图形】元件会自动保存在【库】面板中，选择【窗口】|【库】命令，打开【库】面板，在该面板中显示了已经创建的【图形】元件。

2 创建【影片剪辑】元件

【影片剪辑】元件除了图形对象以外，还可以是一个动画。它拥有独立的时间轴，并且可以在该元件中创建按钮、图形甚至其他影片剪辑元件。

在制作一些较大型的动画时，不仅是舞台中的元素，很多动画效果也需要重复使用。由于【影片剪辑】元件拥有独立的时间轴，可以不依赖主时间轴而播放运行，因此可以将主时间轴中的内容转化到【影片剪辑】元件中，方便反复调用。

Animate CC是不能直接将动画转换为【影片剪辑】元件的，可以使用复制图层和帧的方法，将动画转换为【影片剪辑】元件。

【例7-1】将一个动画文件转换为【影片剪辑】元件。

视频+素材 (光盘素材\第07章\例7-1)

01 启动Animate CC 2017，新建一个文档，然后再打开一个已经完成动画制作的素材文档，选中顶层图层的第1帧，按下Shift键，选中底层图层的最后一帧，即可选中时间轴上所有要转换的帧。

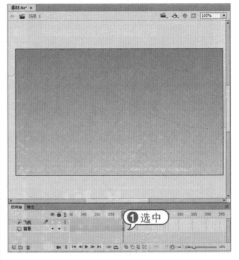

02 右击选中帧中的任何一帧，从弹出的菜单中选择【复制帧】命令，将所有图层里的帧都进行复制。

03 返回新建的文档，选择【插入】|【新建元件】命令，打开【创建新元件】对话框。设置名称为"动画"，类型为【影片剪辑】，然后单击【确定】按钮。

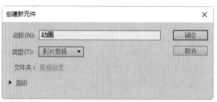

04 进入元件编辑模式后，右击元件编辑模式中的第1帧，在弹出的菜单中选择【粘贴帧】命令，此时将把从主时间轴复制的帧粘贴到该影片剪辑的时间轴中。

05 单击后退按钮 ←，返回【场景1】，在【库】面板中会显示该【动画】元件。

06 将该元件拖入到【场景1】的舞台中，然后按Ctrl+Enter键，测试影片效果。

3 创建【按钮】元件

　　【按钮】元件是一个4帧的交互影片剪辑，选择【插入】|【新建元件】命令，打开【创建新元件】对话框，在【类型】下拉列表中选择【按钮】选项，单击【确定】按钮，打开元件编辑模式。

　　在【按钮】元件编辑模式中的【时间轴】面板里显示了【弹起】、【指针经过】、【按下】和【点击】4个帧。

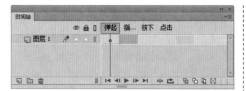

每一帧都对应了一种按钮状态，其具体功能如下。

🔸 【弹起】帧：代表指针没有经过按钮时该按钮的外观。

🔸 【指针经过】帧：代表指针经过按钮时该按钮的外观。

🔸 【按下】帧：代表单击按钮时该按钮的外观。

🔸 【点击】帧：定义响应鼠标单击的区域。该区域中的对象在最终的SWF文件中不被显示。

【例7-2】制作按钮元件。

视频+素材 (光盘素材\第07章\例7-2)

-----

01 启动Animate CC 2017，新建一个文档，选择【文件】|【导入】|【导入到舞台】命令，打开【导入】对话框，将名为"火箭"的图片导入到【库】面板。

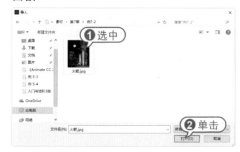

02 使用【任意变形工具】调整图形大小，然后右击舞台空白处，在弹出的菜单中选择【文档】命令，打开【文档设置】对话框，单击【匹配内容】按钮，然后单击【确定】按钮，即可使舞台和背景一致。

03 选择【工具】面板上的【文本工具】，在其【属性】面板上设置【系列】为"华文琥珀"字体，【大小】为30，颜色为天蓝色。

04 单击舞台，输入文本内容。

05 选中文本,选择【修改】|【转换为元件】命令,打开【转换为元件】对话框,输入【文字按钮】名称,选中【按钮】选项,单击【确定】按钮。

06 打开【库】面板,右击【文字按钮】元件,在弹出菜单中选择【编辑】命令。

07 进入【文字按钮】元件编辑窗口,在【时间轴】面板的【指针经过】帧上插入关键帧(右击该帧选择【插入关键帧】命令即可)。

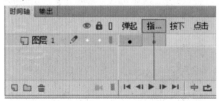

08 选中文本内容,将其【属性】面板中的【字符】选项组里的颜色设置为半透明红色,字体大小设置为35,打开【滤镜】选项组,设置添加渐变发光滤镜,渐变色为绿色。

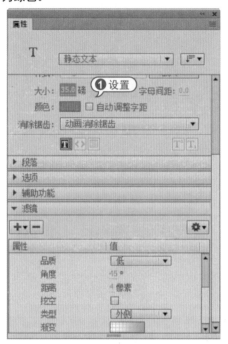

09 在【时间轴】面板的【按下】帧上插入关键帧,右击【弹起】帧,在弹出菜单中选择【复制帧】命令,右击【按下】帧,在弹出菜单中选择【粘贴帧】命令,使两帧内容一致。

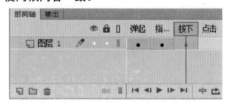

10 右击【时间轴】面板上的【点击】帧,在弹出的快捷菜单中选择【插入空白关键帧】命令,然后在【工具】面板上选择【矩形】工具,绘制一个任意填充色的长方形,大小和文本框范围接近即可。

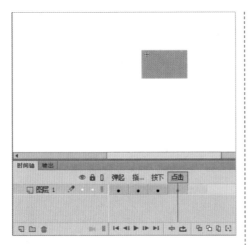

11 返回场景，按Ctrl+Enter键预览影片，测试文字按钮的不同状态。

4 创建【字体】元件

在Animate CC中还有一种特殊的元件：【字体】元件。【字体】元件可以保证在电脑没有安装所需字体的情况下，也可以正确显示文本内容，因为Animate CC会将所有字体信息通过【字体】元件存储在SWF文件中。【字体】元件的图标为A。只有在使用动态或输入文本时才需要通过【字体】元件嵌入字体；如果使用静态文本，则不必通过【字体】元件嵌入字体。

【字体】元件的创建方法比较特殊，选择【窗口】|【库】命令，打开当前文档的【库】面板，单击【库】面板右上角的 ≡ 按钮，在弹出的【库面板】菜单中选择【新建字型】命令。

打开【字体嵌入】对话框，在【名称】文本框中可以输入字体元件的名称；在【系列】下拉列表框中可以选择需要嵌入的字体，或者将该字体的名称输入到该下拉列表框中；在【字符范围】区域中可以选中要嵌入的字符范围，嵌入的字符越多，发布的 SWF 文件越大；如果要嵌入任何其他特定字符，可以在【还包含这些字符】区域中输入字符，当将某种字体嵌入到库中之后，就可以将它用于舞台上的文本字段了。

7.1.3 转换元件

如果舞台中的元素需要反复使用，可以将它直接转换为元件，保存在【库】面板中，方便以后调用。要将元素转换为元件，可以采用下列操作方法之一。

● 选中舞台中的元素，选择【修改】|【转换为元件】命令，打开【转换为元件】对话框，选择元件类型，然后单击【确定】按钮。

● 右击舞台中的元素，从弹出的快捷菜单中选择【转换为元件】命令，打开【转换为元件】对话框，然后转换为元件。

进阶技巧

有关【转换为元件】对话框中的设置可以参考【创建新元件】对话框的设置。

7.1.4 复制元件

复制元件和直接复制元件是两个完全不同的概念。

1 复制元件

复制元件是复制一份相同的元件，修改一个元件的同时，另一个元件也会产生相同的改变。

选择库中的元件并右击，弹出快捷菜单，选择【复制】命令，然后在舞台中选择【编辑】|【粘贴到中心位置】命令(或者是【粘贴到当前位置】命令)，即可将复制的元件粘贴到舞台中。此时修改粘贴后的

元件，原有的元件也将随之改变。

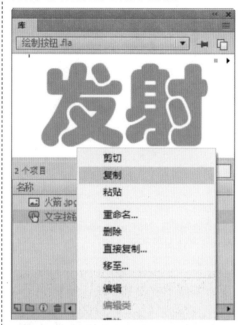

2 直接复制元件

直接复制元件是以当前元件为基础，创建一个独立的新元件，不论修改哪个元件，另一个元件都不会发生改变。

在制作动画时，有时希望仅仅修改单个实例中元件的属性而不影响其他实例或原始元件，此时就需要用到直接复制元件功能。通过直接复制元件，可以使用现有的元件作为创建新元件的起点，来创建具有不同外观的各种版本的元件。

打开【库】面板，选中要直接复制的元件，右击该元件，在弹出的快捷菜单中选择【直接复制】命令或者单击【库】面板右上角的▤按钮，在弹出的【库面板】菜单中选择【直接复制】命令，打开【直接复制元件】对话框。

在【直接复制元件】对话框中，可以更改直接复制元件的名称、类型等属性，

而且更改以后，原有的元件并不会发生变化，所以在动画应用中，使用直接复制操作元件更为普遍。

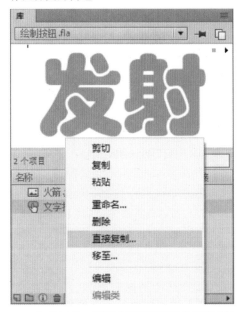

7.1.5 编辑元件

创建元件后，可以选择【编辑】|【编辑元件】命令，在元件编辑模式下编辑该元件；也可以选择【编辑】|【在当前位置编辑】命令，在舞台中编辑该元件；或者直接双击该元件进入该元件编辑模式。

1 在当前位置编辑元件

要在当前位置编辑元件，可以在舞台上双击元件的一个实例，或者在舞台上选择元件的一个实例，右击后在弹出的快捷

菜单中选择【在当前位置编辑】命令；或者在舞台上选择元件的一个实例，然后选择【编辑】|【在当前位置编辑】命令，进入元件的编辑状态。如果要更改注册点，可以在舞台上拖动该元件，拖动时一个十字光标＋会表明注册点的位置。

2 在新窗口中编辑元件

要在新窗口中编辑元件，可以右击舞台中的元件，在弹出的快捷菜单中选择【在新窗口中编辑】命令，直接打开一个新窗口，并进入元件的编辑状态。

3 在元件编辑模式下编辑元件

要选择在元件编辑模式下编辑元件可以通过多种方式来实现。

双击【库】面板中的元件图标。

在【库】面板中选择该元件，单击【库】面板右上角的 ≡ 按钮，在打开的菜单中选择【编辑】命令。

在【库】面板中右击该元件，从弹出的快捷菜单中选择【编辑】命令。

在舞台上选择该元件的一个实例，右击后从弹出的快捷菜单中选择【编辑】命令。

在舞台上选择该元件的一个实例，然后选择【编辑】|【编辑元件】命令。

4 退出编辑元件

要退出元件的编辑模式并返回到文档编辑状态，可以进行以下操作。

单击舞台左上角的【返回】按钮 ←，返回上一层编辑模式。

单击舞台左上角的【场景】按钮 场景1，返回场景。

在元件的编辑模式下，双击元件内容以外的空白处。

选择【编辑】|【编辑文档】命令。

如果是在新窗口中编辑元件，可以直接切换到文档窗口或关闭新窗口。

7.2 使用实例

实例是元件在舞台中的具体表现，创建实例的过程就是将元件从【库】面板中拖到舞台中，用户可以根据需要对创建的实例进行修改，从而得到依托于该元件的其他效果。

7.2.1 创建实例

创建实例的方法在前文中已经介绍过，选择【窗口】|【库】命令，打开【库】面板，将【库】面板中的元件拖动到舞台中即可。

创建实例后，系统都会指定一个默认的实例名称，如果要为影片剪辑元件实例指定实例名称，可以打开【属性】面板，在【实例名称】文本框中输入该实例的名称即可。

如果是【图形】实例，则不能在【属性】面板中命名实例名称。可以双击【库】面板中的元件名称，然后修改名称，再创建实例。在【图形】实例的【属性】面板中可以设置实例的大小、位置等信息，单击【样式】按钮，在下拉列表中可以设置【图形】实例的透明度、亮度、色调等信息。

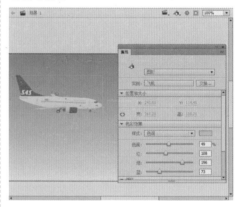

【例7-3】在动画文档中添加元件实例。
⊙视频+素材，(光盘素材\第07章\例7-3)

01 启动Animate CC 2017，打开素材文档，选择【图层4】的第1帧。

02 选择【窗口】|【库】命令，打开【库】面板，将【红色按钮】元件拖到舞台上。

03 选择【图层4】的第2帧，打开【库】面板，将【蓝色按钮】元件拖到舞台上。

04 选择【图层4】的第3帧，打开【库】面板，将【绿色按钮】元件拖到舞台上。

05 将该文档以"添加实例"为名进行保存。

7.2.2 交换实例

在创建元件的不同实例后，用户可以对元件实例进行交换，使选定的实例变为另一个元件的实例。

例如选中舞台里的一个【影片剪辑】实例，选择【修改】|【元件】|【交换元件】命令，打开【交换元件】对话框，显

示了当前文档创建的所有元件，可以选中要交换的元件，然后单击【确定】按钮，即可为实例指定另一个元件。并且舞台中的元件实例将自动被替换。

单击【交换元件】对话框中的【直接复制元件】按钮回，可以打开【直接复制元件】对话框，使用直接复制元件功能，以当前选中的元件为基础创建一个全新的元件。

7.2.3 改变实例类型

实例的类型也是可以相互转换的。例如，可以将一个【图形】实例转换为【影片剪辑】实例，或将一个【影片剪辑】实例转换为【按钮】实例，可以通过改变实例类型来重新定义它在动画中的行为。

要改变实例类型，选中某个实例，打开【属性】面板，单击【实例类型】下拉按钮，在弹出的下拉列表中可以选择需要的实例类型。

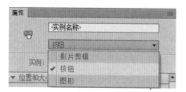

7.2.4 分离实例

要断开实例与元件之间的链接，并把实例放入未组合图形和线条的集合中，可以在选中舞台实例后，选择【修改】|【分离】命令，把实例分离成图形元素。

例如选中原本是实例的【影片剪辑】元件，然后选择【修改】|【分离】命令，此时变成形状元素，这样就可以使用各种编辑工具根据需要进行修改，并且不会影响到其他应用的元件实例。

7.2.5 设置实例信息

不同元件类型的实例有不同的属性，用户可以在各自的【属性】面板中进行设置。

1 设置【图形】实例属性

选中舞台上的【图形】实例，打开【属性】面板，在该面板中显示了【位置和大小】、【色彩效果】和【循环】3个选项组。

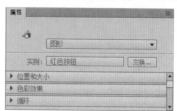

有关【图形】实例【属性】面板的主要参数选项的具体作用如下。

● 【位置和大小】：可以设置【图形】实例x轴和y轴坐标位置以及实例大小。

● 【色彩效果】：可以设置【图形】实例的透明度、亮度以及色调等色彩效果。

● 【循环】：可以设置【图形】实例的循环，可以设置循环方式和循环起始帧。

2 设置【影片剪辑】实例属性

选中舞台上的【影片剪辑】实例，打开【属性】面板，在该面板中显示了【位置和大小】、【3D定位和视图】、【色彩效果】、【显示】和【滤镜】等选项组。

有关【影片剪辑】实例【属性】面板的主要参数选项的具体作用如下。

● 【位置和大小】：可以设置【影片剪辑】实例x轴和y轴坐标位置以及实例大小。

● 【3D定位和视图】：可以设置【影片剪辑】实例的z轴坐标位置，z轴坐标位置是在三维空间中的一个坐标轴。同时可以设置【影片剪辑】实例在三维空间中的透视角度和消失点。

● 【色彩效果】：可以设置【影片剪辑】实例的透明度、亮度以及色调等色彩效果。

● 【显示】：可以设置【影片剪辑】实例的显示效果，例如强光、反相以及变色等效果。

● 【滤镜】：可以设置【影片剪辑】实例的滤镜效果。

3 设置【按钮】实例属性

选中舞台上的【按钮】实例，打开【属性】面板，在该面板中显示了【位置和大小】、【色彩效果】、【显示】、【字距调整】和【滤镜】等选项组。

有关【按钮】实例【属性】面板的主要参数选项的具体作用如下。

● 【位置和大小】：可以设置【按钮】实例x轴和y轴坐标位置以及实例大小。

● 【色彩效果】：可以设置【按钮】实例的透明度、亮度和色调等色彩效果。

● 【显示】：可以设置【按钮】实例的显示效果。

● 【滤镜】：可以设置【按钮】实例的滤镜效果。

如果【按钮】实例中带有按键声音，将会显示【音轨】属性，用户可以对其进行设置。

7.3 使用库

在Animate CC 2017中，创建的元件和导入的文件都存储在【库】面板中。【库】面板中的资源可以在多个文档使用。

7.3.1 【库】面板和项目

【库】面板是集成库项目内容的工具面板，【库】项目是库中的相关内容。

1 【库】面板

选择【窗口】|【库】命令，打开【库】面板。面板的列表主要用于显示库中所有项目的名称，可以通过其查看并组织这些文档中的元素。

在【库】面板中的预览窗口中显示了存储的所有元件缩略图，如果是【影片剪辑】元件，可以在预览窗口中预览动画的效果。

2 【库】项目

在【库】面板中的元素称为库项目，【库】面板中项目名称旁边的图标表示该

项目的文件类型，可以打开任意文档的库，并能够将该文档的库项目用于当前文档。

有关库项目的一些处理方法如下。

💡 在当前文档中使用库项目时，可以将库项目从【库】面板中拖动到舞台中。该项目会在舞台中自动生成一个实例，并添加到当前图层中。

💡 要将对象转换为库中的元件，可以将项目从舞台拖动到当前【库】面板中，打开【转换为元件】对话框，进行转换元件的操作。

💡 要在另一个文档中使用当前文档的库项目，将项目从【库】面板或舞台中拖入另一个文档的【库】面板或舞台中即可。

💡 要在文件夹之间移动项目，可以将项目从一个文件夹拖动到另一个文件夹中。如果新位置中存在同名项目，那么会打开【解决库冲突】对话框，提示是否要替换正在移动的项目。

7.3.2 库的操作

在【库】面板中，可以使用【库】面板菜单中的命令对库项目进行编辑、排序、重命名、删除以及查看未使用的库项目等管理操作。

1 编辑对象

要编辑元件，可以在【库】面板菜单中选择【编辑】命令，进入元件编辑模式，然后进行元件编辑。

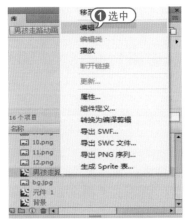

如果要编辑【库】里的文件，可以选择【编辑方式】命令，打开【选择外部编辑器】对话框。

在该对话框中选择外部编辑器(其他应用程序)，编辑导入的文件，比如说可以用ACDSee看图程序编辑导入的位图文件。

在外部编辑器编辑完文件后，再在【库】面板中选择【更新】命令更新这些文件，即可完成编辑文件的操作。

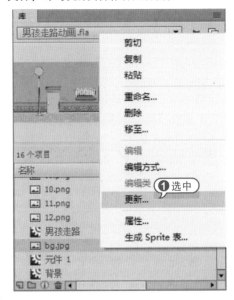

2 操作文件夹

在【库】面板中，可以使用文件夹来组织库项目。当用户创建一个新元件时，它会存储在选定的文件夹中。如果没有选定文件夹，该元件就会存储在库的根目录下。

对【库】面板中的文件夹可以进行如

下操作。

● 要创建新文件夹，可以在【库】面板底部单击【新建文件夹】按钮。

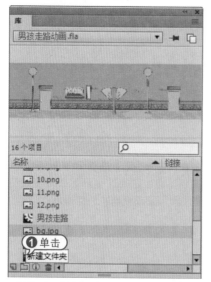

● 要打开或关闭文件夹，可以单击文件夹名前面的按钮▶，或选择文件夹后，在【库】面板菜单中选择【展开文件夹】或【折叠文件夹】命令。

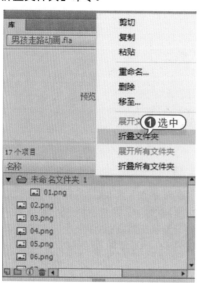

● 要打开或关闭所有文件夹，可以在【库】面板菜单中选择【展开所有文件夹】或【折叠所有文件夹】命令。

3 重命名库项目

在【库】面板中，用户还可以重命名库中的项目。但更改导入文件的库项目名称并不会更改该文件的名称。

要重命名库项目，可以执行如下操作。

● 双击该项目的名称，在【名称】列的文本框中输入新名称。

● 选择项目，并单击【库】面板下部的【属性】按钮，打开【元件属性】对话框，在【名称】文本框中输入新名称，然后单击【确定】按钮。

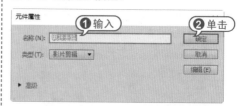

● 选择库项目，在【库】面板单击 按钮，在弹出菜单中选择【重命名】命令，然后在【名称】列的文本框中输入新名称。

● 在库项目上单击右键，在弹出的快捷菜单中选择【重命名】命令，并在【名称】列的文本框中输入新名称。

4 删除库项目

默认情况下，当从库中删除项目时，

文档中该项目的所有实例也会被同时删除。【库】面板中的【使用次数】列显示项目的使用次数。

要删除库项目，可以执行如下操作。

● 选择所需操作的项目，然后单击【库】面板下部的【删除】按钮 。

● 选择库项目，在【库】面板单击 按钮，在弹出菜单中选择【删除】命令。

● 在所要删除的项目上单击右键，在弹出的快捷菜单中选择【删除】命令。

7.3.3 共享库资源

使用共享库资源，可以将一个影片【库】面板中的元素共享，供其他影片使用。这一功能在进行小组开发或制作大型Animate影片时非常实用。

1 相对引用

要设置共享库，首先打开要将其【库】面板设置为共享库的动画影片，然后选择【窗口】|【库】命令，打开【库】面板，单击 按钮，在弹出菜单中选择【运行时共享库 URL】命令。

打开【运行时共享库】对话框，在URL文本框中输入共享库所在影片的URL地址。若共享库影片在本地硬盘上，可使用【文件://<驱动器：> / <路径名>】格式，最后单击【确定】按钮，即可将该【库】设置为共享库。

2 设置共享元素

设置完共享库，还可以将【库】面板中的元素设置为共享。

在设置共享元素时，可先打开包含共享库的Animate CC文档，打开该共享库，然后右击所要共享的元素，在弹出的快捷菜单中选择【属性】命令，打开【元件属性】对话框，单击【高级】按钮，展开高级选项。

在【运行时共享库】选项组选中【为运行时共享导出】复选框，并在URL文本框中输入该共享元素的URL地址，单击【确定】按钮即可设置为共享元素。

3 使用共享元素

在动画影片中如果重复使用大量相同的元素，则会大幅度减少文件的容量，使用共享元素可以达到这个目的。

要使用共享元素，先打开要使用共享元素的Animate CC文档，选择【窗口】|【库】命令，打开该文件的【库】面板，然后选择【文件】|【导入】|【打开外部库】命令，选择一个包含共享库的文件，单击【打开】按钮打开该共享库。

选中共享库中需要的元素，将其拖到舞台中即可。这时在该文件的【库】面板中将会出现该共享元素。

【例7-4】定义元件共享属性。
🔘 视频+素材 ▶ (光盘素材\第07章\例7-4)

01 启动Animate CC 2017，打开一个素材文档，然后打开【库】面板。

02 右击【库】面板中的【动画】元件，在弹出的菜单中选择【属性】命令。

03 打开【元件属性】对话框，单击【高级】按钮，展开高级选项。选择【为运行时共享导出】复选框，使该资源可以链接到目标文件，在【URL】栏内输入将要包含共享资源的SWF文件的网络地址，然后单击【确定】按钮。

7.4 进阶实战

本章的进阶实战部分为创建【影片剪辑】元件动画这个综合实例操作，用户通过练习从而巩固本章所学知识。

【例7-5】创建一个【影片剪辑】元件动画。

视频+素材 (光盘素材\第07章\例7-5)

01 启动Animate CC 2017，新建一个文档。

02 选择【插入】|【新建元件】命令，打开【创建新元件】对话框，在【名称】文本框中输入元件名称"蝶舞"，在【类型】下拉列表中选择【影片剪辑】选项，单击【确定】按钮，打开元件编辑模式。

03 选择【文件】|【导入】|【打开外部库】命令，打开【打开】对话框，选择名为"蝴蝶"的动画文档，单击【打开】按钮。

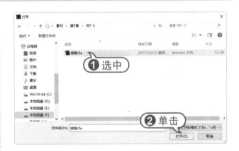

04 此时打开【库-蝴蝶.fla】外部库，选中其中的【蝴蝶】元件，拖入到【蝶舞】元件编辑模式中。

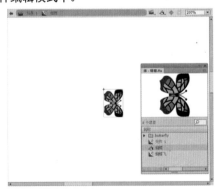

05 在时间轴上右击第5帧，在弹出的菜单中选择【插入关键帧】命令，此时，时间轴的第5帧被插入关键帧。然后在第5帧中，选

择工具面板中的【任意变形工具】，对舞台上的蝴蝶进行形状和位置的调整。

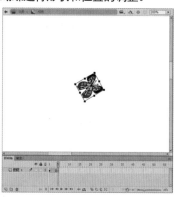

06 右击1～5帧中的任意一帧，在弹出的菜单中选择【创建传统补间】命令，创建传统补间动画。此时打开【库】面板，【影片剪辑】元件【蝶舞】已经创建完毕。

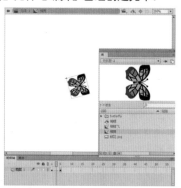

07 单击【场景1】按钮，返回舞台，选择【文件】|【导入】|【导入到舞台】命令，将【鲜花】位图文件导入到舞台中，将舞台匹配图片内容，然后将【库】面板中的【蝶舞】影片剪辑元件拖动到合适位置上。

08 按Ctrl+Enter键，预览动画影片，会有蝴蝶飞舞的效果。

7.5 疑点解答

● 问：如何导出库中的项目？

答：在【库】面板中选择需要导出的对象，右击，弹出快捷菜单，选择【导出SWF】命令或【导出SWC文件】命令，打开【导出文件】对话框，设置导出目录和名称后，单击【保存】按钮即可导出库项目。

第8章

使用帧和图层

　　Animate动画播放的长度以帧为单位。创建Flash动画，实际上就是创建连续帧上的内容，而使用图层可以将动画中的不同对象与动作区分开。本章将介绍有关帧和图层在Animate CC中的操作内容。

对应光盘视频

例8-1 逐帧动画
例8-2 图层操作
例8-3 滚动文字动画
例8-4 走路动画

8.1 认识时间轴和帧

帧是Animate动画的最基本组成部分，Animate动画就是由不同的帧组合而成的。时间轴是摆放和控制帧的地方，帧在时间轴上的排列顺序将决定动画的播放顺序。

8.1.1 时间轴和帧的简介

帧用来控制动画内容，而时间轴则是起着控制帧的顺序和时间的作用。

1 时间轴

时间轴主要由图层、帧和播放头组成，在播放动画时，播放头沿时间轴向后滑动，而图层和帧中的内容则随着时间的变化而变化。

在Animate CC中，时间轴默认显示在工作界面的下部，位于舞台的下方。用户也可以根据个人习惯，将时间轴放置在主窗口的下部或两边，或者将其作为一个单独的窗口显示甚至隐藏起来。

2 帧

帧是Animate动画的基本组成部分，帧在时间轴上的排列顺序将决定动画的播放顺序，至于每一帧中的具体内容，则需在相应帧的工作区域内进行制作，如在第一帧绘了一幅图，那么这幅图只能作为第一帧的内容，第二帧还是空的。

帧的播放顺序不一定会严格按照时间轴的横轴方向进行播放，如自动播放到某一帧就停止，然后接受用户的输入或回到起点重新播放，直到某个事件被激活后才能继续播放下去，对于这种互动式动画将涉及Animate的动作脚本语言。

8.1.2 帧的类型

在Animate CC中，用来控制动画播放的帧具有不同的类型，选择【插入】|【时间轴】命令，在弹出的子菜单中显示了帧、关键帧和空白关键帧3种类型帧。

不同类型的帧在动画中发挥的作用也不同，这3种类型帧的具体作用如下。

🔹 帧(普通帧)：连续的普通帧在时间轴上用灰色显示，并且在连续的普通帧最后一帧中有一个空心矩形块。连续的普通帧的内容都相同，在修改其中的某一帧时其他帧的内容也同时被更新。由于普通帧的这个特性，通常用它来放置动画中静止不变的对象(如背景和静态文字)。

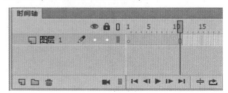

关键帧：关键帧在时间轴中是含有黑色实心圆点的帧，是用来定义动画变化的帧，在动画制作过程中是最重要的帧类型。在使用关键帧时不能太频繁，过多的关键帧会增大文件的大小。补间动画的制作就是通过关键帧内插的方法实现的。

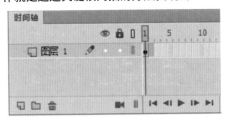

空白关键帧：在时间轴中插入关键帧后，左侧相邻帧的内容就会自动复制到该关键帧中，如果不想让新关键帧继承相邻左侧帧的内容，可以采用插入空白关键帧的方法。在每一个新建的文档中都有一个空白关键帧。空白关键帧在时间轴中是含有空心小圆圈的帧。

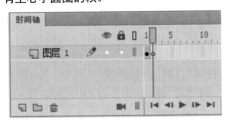

8.1.3 帧的显示状态

帧在时间轴上具有多种表现形式，根据创建动画的不同，帧会呈现出不同的状态甚至是不同的颜色。

：当起始关键帧和结束关键帧用一个黑色圆点表示，中间补间帧为紫色背景并被一个黑色箭头贯穿时，表示该动画是设置成功的传统补间动画。

：当传统补间动画被一条虚线贯穿时，表明该动画是设置不成功的传统补间动画。

：当起始关键帧和结束关键帧用一个黑色圆点表示，中间补间帧为绿色背景并被一个黑色箭头贯穿时，表示该动画是设置成功的补间形状动画。

：当补间形状动画被一条虚线贯穿时，表明该动画是设置不成功的补间形状动画。

：当起始关键帧用一个黑色圆点表示，中间补间帧为蓝色背景时，表示该动画为补间动画。

：如果在单个关键帧后面包含有浅灰色的帧，则表示这些帧包含与第一个关键帧相同的内容。

：当关键帧上有一个小"a"标记时，表明该关键帧中有帧动作。

8.1.4 【绘图纸外观】工具

一般情况下，在舞台中只能显示动画序列的某一帧的内容，为了便于定位和编辑动画，可以使用【绘图纸外观】工具一次查看在舞台上两个或更多帧的内容。

1 工具操作

单击【时间轴】面板上的【绘图纸外观】按钮 ，在【时间轴】面板播放头两侧会出现【绘图纸外观】标记：即【开始绘图纸外观】和【结束绘图纸外观】标记。在这两个标记之间的所有帧的对象都会显示出来，但这些内容不可以被编辑。

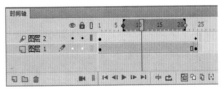

使用【绘图纸外观】工具可以设置图像的显示方式和显示范围，并且可以编辑

【绘图纸外观】标记内的所有帧，相关的操作如下。

👆 设置显示方式：如果舞台中的对象太多，为了方便查看其他帧上的内容，可以将具有【绘图纸外观】的帧显示为轮廓，单击【绘图纸外观轮廓】按钮🖵即可显示对象轮廓。

👆 移动【绘图纸外观】标记位置：选中【开始绘图纸外观】标记，可以向动画起始帧位置移动；选中【结束绘图纸外观】标记，可以向动画结束帧位置移动。(一般情况下，选中整个【绘图纸外观】标记移动，将会和当前帧指针一起移动)。

👆 编辑标记内所有帧：【绘图纸外观】只允许编辑当前帧，单击【编辑多个帧】按钮🔲，可以显示【绘图纸外观】标记内每个帧的内容。

2 更改标记

使用【绘图纸外观】工具，还可以更改【绘图纸外观】标记的显示。单击【修改绘图纸标记】按钮🔧，在弹出的下拉菜单中可以选择【始终显示标记】、【锚定标记】、【标记范围2】、【标记范围5】和【标记所有范围】5个可用选项。

这5个选项的具体作用如下。

👆 【始终显示标记】：无论【绘图纸外观】是否打开，都会在时间轴标题中显示绘图纸外观标记。

👆 【锚定标记】：将【绘图纸外观】标记锁定在时间轴当前位置。

👆 【标记范围2】：显示当前帧左右两侧的两个帧内容。

👆 【标记范围5】：显示当前帧左右两侧的5个帧内容。

👆 【标记所有范围】：显示当前帧左右两侧的所有帧内容。

8.2 操作帧

在制作动画时，用户可以根据需要对帧进行一些基本操作，例如插入、选择、删除、清除、复制和移动帧等。

8.2.1 插入帧

帧的操作可以在【时间轴】面板上操作，首先介绍插入帧的操作。

要在时间轴上插入帧，可以通过以下几种方法实现。

👆 在时间轴上选中要创建关键帧的帧位置，按下F5键，可以插入帧，按下F6键，可以插入关键帧，按下F7键，可以插入空白关键帧。在插入关键帧或空白关键帧之后，可以直接按下F5键或其他键，进行扩展，每按一次关键帧或空白关键帧长度将扩展1帧。

💬 右击时间轴上要创建关键帧的帧位置，在弹出的快捷菜单中选择【插入帧】、【插入关键帧】或【插入空白关键帧】命令，可以插入帧、关键帧或空白关键帧。

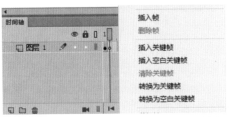

💬 在时间轴上选中要创建关键帧的帧位置，选择【插入】|【时间轴】命令，在弹出的子菜单中选择相应命令，可插入帧、关键帧和空白关键帧。

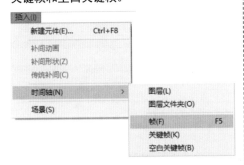

8.2.2 选择帧

帧的选择是对帧以及帧中内容进行操作的前提条件。要对帧进行操作，首先必须选择【窗口】|【时间轴】命令，打开【时间轴】面板。选择帧可以通过以下几种方法实现。

💬 选择单个帧：把光标移到需要的帧上，单击即可。

💬 选择多个不连续的帧：按住Ctrl键，然后单击需要选择的帧。

💬 选择多个连续的帧：按住Shift键，单击需要选择该范围内的开始帧和结束帧。

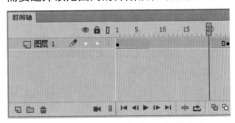

💬 选择所有的帧：在任意一个帧上右击，从弹出的快捷菜单中选择【选择所有帧】命令。或者选择【编辑】|【时间轴】|【选择所有帧】命令，同样可以选择所有的帧。

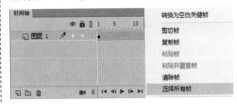

8.2.3 删除和清除帧

如果有不想要的帧，用户可以进行删除或清除帧的操作。

1 删除帧

删除帧操作不仅可以删除帧中的内容，还可以将选中的帧进行删除，还原为初始状态。如下图所示左侧为删除前的帧，右侧为删除后的帧。

要进行删除帧的操作，可以按照选择帧的几种方法，先将要删除的帧选中，然后上右击，从弹出的快捷菜单中选择【删除帧】命令；或者在选中帧以后选择【编辑】|【时间轴】|【删除帧】命令。

2 清除帧

清除帧与删除帧的区别在于，清除

帧仅把被选中的帧上的内容清除，并将这些帧自动转换为空白关键帧状态。如下图所示左侧为清除前的帧，右侧为清除后的帧。

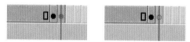

要进行清除帧的操作，可以按照选择帧的几种方法，先选中要清除的帧，然后右击，在弹出的快捷菜单中选择【清除帧】命令；或者在选中帧以后选择【编辑】|【时间轴】|【清除帧】命令。

8.2.4 复制帧

复制帧操作可以将同一个文档中的某些帧复制到该文档的其他帧位置，也可以将一个文档中的某些帧复制到另外一个文档的特定帧位置。

要进行复制和粘贴帧的操作，可以按照选择帧的几种方法，先将要复制的帧选中，然后右击，从弹出的快捷菜单中选择【复制帧】命令。

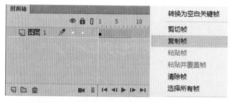

接着在需要粘贴的帧上右击，从弹出的快捷菜单中选择【粘贴帧】命令；或者在选中帧以后选择【编辑】|【时间轴】|【粘贴帧】命令。

8.2.5 移动帧

帧的移动操作主要有下面两种。

将鼠标光标放置在所选帧上面，出现显示状态时，拖动选中的帧，移动到目标帧位置以后释放鼠标。

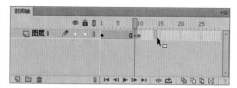

选中需要移动的帧并右击，从打开的快捷菜单中选择【剪切帧】命令，然后在目标帧位置右击，从打开的快捷菜单中选择【粘贴帧】命令。

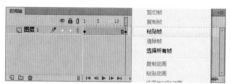

8.2.6 翻转帧

翻转帧功能可以使选定的一组帧按照顺序翻转过来，使原来的最后一帧变为第1帧，原来的第1帧变为最后一帧。

要进行翻转帧操作，首先在时间轴上将所有需要翻转的帧选中，然后右击，从弹出的快捷菜单中选择【翻转帧】命令即可。

进阶技巧

选择【控制】|【测试影片】命令，会发现播放顺序与翻转前相反。

8.2.7 帧频和帧序列

帧序列就是指一列帧的顺序，帧频是指动画播放的速度。用户可以进行改变帧序列的长度和设置帧频等操作。

将光标放置在帧序列的开始帧或结束帧处，按住Ctrl键不放使光标变为左右箭头，向左或向右拖动即可更改帧序列的长度。

选择【修改】|【文档】命令，打开【文档设置】对话框。在该对话框中的【帧频】文本框中输入合适的帧频数值。

此外，还可以选择【窗口】|【属性】命令，打开【属性】面板，在【FPS】文本框内输入帧频的数值。

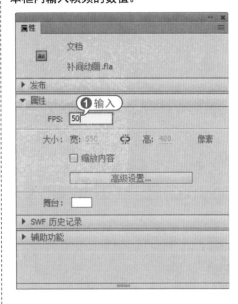

8.3 制作逐帧动画

逐帧动画是最简单易懂的一种动画形式，在逐帧动画中，需要为每个帧创建图像，适合表演很细腻的动画，但花费时间也长。

8.3.1 逐帧动画的概念

逐帧动画也称为帧帧动画，是最常见的动画形式，最适合制作图像在每一帧中都在变化而不是在舞台上移动的复杂动画。

逐帧动画的原理是在连续的关键帧中分解动画动作，也就是要创建每一帧的内容，才能连续播放而形成动画。逐帧动画的帧序列内容不一样，不仅增加制作负担，而且最终输出的文件量也很大。但它的优势也很明显，因为它与电影播放模式相似，适合于表演很细腻的动画，通常在网络上看到的行走、头发的飘动等动画，很多都是使用逐帧动画实现的。

逐帧动画在时间轴上表现为连续出现的关键帧。要创建逐帧动画，就要将每一个帧都定义为关键帧，给每个帧创建不同的对象。通常创建逐帧动画有以下几种方法。

✦ 用导入的静态图片建立逐帧动画。

✦ 将jpg、png等格式的静态图片连续导入到Animate中，就会建立一段逐帧动画。

✦ 绘制矢量逐帧动画，用鼠标或压感笔在场景中一帧帧地画出帧内容。

✦ 文字逐帧动画，用文字作帧中的元件，实现文字跳跃、旋转等特效。

✦ 指令逐帧动画，在时间帧面板上逐帧写入动作脚本语句来完成元件的变化。

✦ 导入序列图像，可以导入gif序列图像、swf动画文件或者利用第3方软件(如swish、swift 3D等)产生的动画序列。

8.3.2 逐帧动画的制作

下面将通过一个实例介绍逐帧动画的制作过程。

【例8-1】新建文档制作逐帧动画。
🔘 视频+素材 (光盘素材\第08章\例8-1)

01 启动Animate CC 2017，新建一个文档，选择【修改】|【文档】命令，打开【文档设置】对话框，设置舞台大小为550×400像素，单击【确定】按钮。

02 选择【文件】|【导入】|【导入到舞台】命令，打开【导入】对话框，选择背景图片，单击【打开】按钮将其导入到舞台。

03 此时，舞台上显示导入的图片。

04 选择【插入】|【新建元件】命令，打开【创建新元件】对话框，创建名为"气球飘动"的影片剪辑元件，单击【确定】按钮。

05 进入元件编辑窗口，选择【文件】|【导入】|【导入到舞台】命令，打开【导入】对话框，选择一组图片中的第1张图片文件，单击【打开】按钮。

06 弹出提示对话框，单击【是】按钮，将该组图片都导入舞台。

07 弹出【正在导入外部文件】对话框，显示导入进度。

08 全部导入后，单击【返回】按钮◀，返回至场景1。

09 将【气球飘动】影片剪辑元件从【库】面板拖入到舞台，并调整图形的大小和位置。

10 选择【文件】|【保存】命令，打开【另存为】对话框，将其以"制作逐帧动画"为名进行保存。

11 按Ctrl+Enter键测试影片，显示气球飘动的动画效果。

8.4 使用图层

在Animate CC 2017中，使用图层可以将动画中的不同对象与动作区分开，例如可以绘制、编辑、粘贴和重新定位一个图层上的元素而不会影响到其他图层，因此不必担心在编辑过程中会对图像产生无法恢复的误操作。

8.4.1 图层的类型

图层类似透明的薄片，层层叠加，如果一个图层上有一部分没有内容，那么就可以透过这部分看到下面的图层上的内容。通过图层可以方便地组织文档中的内容。当在某一图层上绘制和编辑对象时，其他图层上的对象不会受到影响。

图层位于【时间轴】面板上的左侧，在Animate CC 2017中，图层一般共分为5种类型，即一般图层、遮罩层、被遮罩层、引导层、被引导层。

这5种图层类型详细说明如下。

🔰 一般图层：指普通状态下的图层，这种类型的图层名称的前面将显示普通图层图标 🔲。

🔰 遮罩层：指放置遮罩物的图层，当设置某个图层为遮罩层时，该图层的下一图层便被默认为被遮罩层。这种类型的图层名称的前面有一个遮罩层图标 ◎。

🔰 被遮罩层：被遮罩层是与遮罩层对应的、用来放置被遮罩物的图层。这种类型的图层名称的前面有一个被遮罩层的图标 🔲。

🔰 引导层：在引导层中可以设置运动路径，用来引导被引导层中的对象依照运动路径进行移动。当图层被设置成引导层时，在图层名称的前面会出现一个运动引导层图标 🌀，该图层的下方图层会被默认为被引导层；如果引导图层下没有任何图层作为被引导层，那么在该引导图层名称的前面就出现一个引导层图标 🔨。

🔰 被引导层：被引导层与其上面的引导层相辅相成，当上一个图层被设定为引导层时，这个图层会自动转变成被引导层，并且图层名称会自动进行缩排，被引导层的图标和一般图层一样。

8.4.2 图层的模式

图层有多种图层模式，以适应不同的设计需要，这些图层模式的具体作用如下。

🔰 当前层模式：在任何时候只有一层处于该模式，该层即为当前操作的层，所有新对象或导入的场景都将放在这一层上。当前层的名称栏上将显示一个铅笔图标 ✏️ 作为标识，如下图所示的【一般图层】图层即为当前层。

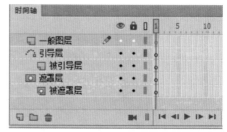

🔰 隐藏模式：要集中处理舞台中的某一部分时，则可以将多余的图层隐藏起来。隐藏图层的名称栏上有 ✖ 作为标识，表示当前图层为隐藏图层，如下图所示的【一般图层】图层即为隐藏图层。

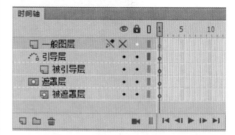

🔰 锁定模式：要集中处理舞台中的某一部分时，可以将需要显示但不希望被修改的图层锁定起来。被锁定的图层的名称栏上有一个锁形图标 🔒 作为标识。

● 轮廓模式：如果某图层处于轮廓模式，则该图层名称栏上会以空心的彩色方框作为标识，此时舞台中将以彩色方框中的颜色显示该图层中内容的轮廓。如下图所示的【引导层】里，原本填充颜色为红色的方形，单击 ▌按钮，使其成为轮廓模式，此时方形显示为无填充色的粉红色轮廓。

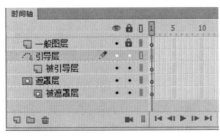

8.4.3 创建图层和图层文件夹

使用图层可以通过分层将不同的内容或效果添加到不同的图层上，从而组合成为复杂而生动的作品。使用图层前需要先创建图层或图层文件夹。

1 创建图层

当创建一个新的Animate文档后，它只包含一个图层。用户可以创建更多的图层来满足动画制作的需要。

要创建图层，可以通过以下方法实现。

● 单击【时间轴】面板中的【新建图层】

按钮 ，即可在选中图层的上方插入一个图层。

● 选择【插入】|【时间轴】|【图层】命令，即可在选中图层的上方插入一个图层。

● 右击图层，在弹出的快捷菜单中选择【插入图层】命令，即可在该图层上方插入一个图层。

2 创建图层文件夹

图层文件夹可以用来摆放和管理图层，当创建的图层数量过多时，可以将这些图层根据实际类型归纳到同个图层文件夹中。

要创建图层文件夹，可以通过以下方法实现。

● 选中【时间轴】面板中顶部的图层，然后单击【新建文件夹】按钮 ，即可插入一个图层文件夹。

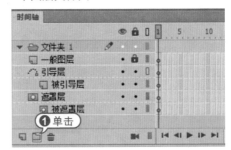

● 在【时间轴】面板中选择一个图层或图层文件夹，然后选择【插入】|【时间轴】|【图层文件夹】命令即可。

● 右击【时间轴】面板中的图层，在弹出的快捷菜单中选择【插入文件夹】命令，即可插入一个图层文件夹。

8.4.4 选择和删除图层

创建图层后，要修改和编辑图层，首先要选择图层。

当用户选择图层时，选中的图层名称栏上会显示铅笔图标，表示该图层是当前层模式并处于可编辑状态。在Animate CC中，一次可以选择多个图层，但一次只能有一个图层处于可编辑状态。

要选择图层，可以通过以下方式实现。

🔹 单击【时间轴】面板中的图层名称即可选中图层。

🔹 单击【时间轴】面板图层上的某个帧，即可选中该图层。

🔹 单击舞台中某图层上的任意对象，即可选中该图层。

🔹 按住Shift键，单击【时间轴】面板中起始和结束位置的图层名称，可以选中连续的图层。

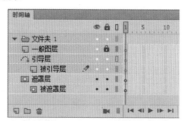

🔹 按住Ctrl键，单击【时间轴】面板中的图层名称，可以选中不连续的图层。

在选中图层后，可以进行删除图层操作，具体操作方法如下。

🔹 选中图层，单击【时间轴】面板的【删除】按钮🗑，即可删除该图层。

🔹 拖动【时间轴】面板中所需删除的图层到【删除】按钮🗑上即可删除图层。

🔹 右击所需删除的图层，在弹出的快捷菜单中选择【删除图层】命令。

8.4.5 复制和拷贝图层

在制作动画的过程中，有时可能需要重复使用两个图层中的对象，可以通过复制或拷贝图层的方式来实现，从而减少重复操作。

🔹 右击当前选择的图层，从弹出的快捷菜单中选择【复制图层】命令，或者选择【编辑】|【时间轴】|【复制图层】命令，可以在选择的图层上方创建一个含有"复制"后缀字样的同名图层。

🔹 如果要把一个文档内的某个图层复制到另一个文档内，可以右击该图层，弹出快捷菜单，选择【拷贝图层】命令，然后右击任意图层(可以是本文档内，也可以是另一文档)，在弹出的菜单中选择【粘贴图层】命令，即可在图层上方创建一个与复制图层相同的图层。

8.4.6 重命名和调序图层

默认情况下，创建的图层会以【图层+编号】的样式为该图层命名，但这种编号性质的名称在图层较多时使用会很不方便。

用户可以对每个图层进行重命名，使每个图层的名称都具有一定的含义，方便对图层或图层中的对象进行操作。

要重命名图层可以通过以下方法实现。

● 双击【时间轴】面板中的图层，出现文本框后输入新的图层名称即可。

● 右击图层，在弹出的快捷菜单中选择【属性】命令，打开【图层属性】对话框。在【名称】文本框中输入图层的名称，单击【确定】按钮。

● 在【时间轴】面板中选择图层，选择【修改】|【时间轴】|【图层属性】命令，

打开【图层属性】对话框，在【名称】文本框中输入图层的新名称。

调整图层之间的相对位置，可以得到不同的动画效果和显示效果。要更改图层的顺序，直接拖动所需改变顺序的图层到适当的位置，然后释放鼠标即可。在拖动过程中会出现一条带圆圈的黑色实线，表示图层当前已被拖动的位置。

8.4.7 设置图层属性

要设置某个图层的详细属性，例如轮廓颜色、图层类型等，可以在【图层属性】对话框中实现。

选择要设置属性的图层，选择【修改】|【时间轴】|【图层属性】命令，打开【图层属性】对话框。

该对话框中主要参数选项的具体作用如下。

🎯 【名称】：可以在文本框中输入或修改图层的名称。

🎯 【锁定】：选中该复选框，可以锁定或解锁图层。

🎯 【可见性】：选中该复选框，可以显示或隐藏图层。

🎯 【类型】：可以在该选项组中更改图层的类型。

🎯 【轮廓颜色】：单击该按钮，在打开的颜色调色板中可以选择颜色，以修改当图层以轮廓线方式显示时的轮廓颜色。

🎯 【将图层视为轮廓】：选中该复选框，可以切换图层中的对象是否以轮廓线方式显示。

🎯 【图层高度】：在该下拉列表框中，可以设置图层的高度比例。

下面将通过一个实例介绍操作图层的过程。

- ▶

【例8-2】打开一个动画文档，练习重命名图层、复制图层等操作。

🔘 视频+素材 (光盘素材\第08章\例8-2)

◀ - - - - - -

01 启动Animate CC 2017，打开一个素材文档。

02 在【时间轴】面板上双击【图层2】图层，待其变为可输入状态时，输入文字"云朵1"，即可修改图层的名称。

03 单击【时间轴】面板上的【新建文件夹】按钮 📁，创建图层文件夹。

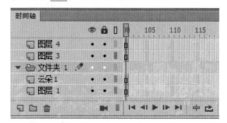

04 在【时间轴】面板上双击图层文件夹，待其变为可输入状态时，输入文字"云"，即可修改图层文件夹的名称。

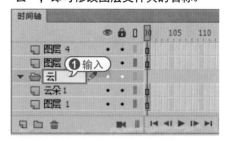

05 分别将【图层3】和【图层4】命名为【云朵2】和【云朵3】。

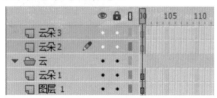

06 选择【云朵1】、【云朵2】和【云朵3】图层，拖入【云】图层文件夹内。

07 右击【云朵1】图层，在弹出的快捷菜单中选择【拷贝图层】命令。

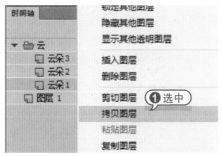

08 右击【云朵3】图层，在弹出的快捷菜单中选择【粘贴图层】命令。

09 将粘贴的图层命名为【云朵4】，然后在舞台上将该云朵移动至合适位置。

10 选择【文件】|【另存为】命令，打开【另存为】对话框，将其以"操作图层"为名进行另存。

8.5 进阶实战

本章的进阶实战部分为制作滚动文字动画和走路动画两个综合实例操作，用户通过练习从而巩固本章所学知识。

8.5.1 制作滚动文字动画

【例8-3】新建文档，制作滚动文字动画。
视频+素材 (光盘素材\第08章\例8-3)

01 启动Animate CC 2017，新建一个文档。

02 选择【文件】|【导入】|【导入到舞台】命令，打开【导入】对话框，将名为"背景"的图片导入到舞台内。

03 使舞台匹配内容后，打开【时间轴】面板，在【图层1】中右击第30帧，选择

弹出菜单中的【插入帧】命令，添加普通帧。

04 在【时间轴】面板上单击【新建图层】按钮，添加新图层【图层2】，在【图层2】上的第5帧处插入关键帧。

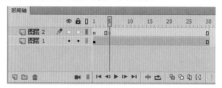

05 使用【文字】工具，在舞台上输入"在"，在其【属性】面板中设置文本的【系列】为"华文琥珀"，【大小】为"50"，【颜色】为"白色"。

06 使用相同的方法，在第6、7帧处插入关键帧，使用【文本】工具在"在"字后继续输入"每"、"个"。

07 新建图层【图层3】，在第8帧处插入关键帧，输入"夜"字。

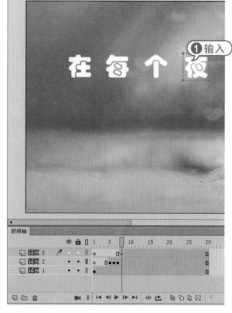

08 使用相同的方法，在第9~11帧处分别插入关键帧，在后面继续输入"晚想你"文本。

09 选中【图层2】，在第12帧处插入关键帧，更改舞台中的文字颜色为橙色。

10 分别选中【图层2】和【图层3】，在第13~25帧处都插入关键帧，使用上面的方法，将每一关键帧中的文字都换上不同的颜色，第25帧换为白色。

11 选择【文件】|【保存】命令，打开【另存为】对话框，将其以"文字滚动"

为名进行保存。

1 输入

2 单击

12 按下Ctrl+Enter快捷键观看动画效果，文字会滚动出现并闪变颜色。

8.5.2 制作走路动画

【例8-4】新建文档，制作男孩走路动画。
视频+素材 (光盘素材\第08章\例8-4)

01 启动Animate CC 2017，新建一个文档。

02 选择【文件】|【导入】|【导入到舞台】命令，打开【导入】对话框，选择名为"bg"的位图文件，然后单击【确定】按钮，将图形导入到舞台中。

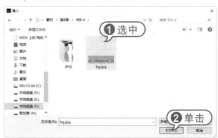

1 选中

2 单击

03 选择【修改】|【文档】命令，打开【文档设置】对话框，单击【匹配内容】按钮，使舞台和背景图片大小一致。

04 在【时间轴】面板上选择第300帧并右击，在弹出菜单中选择【插入帧】命令，即可插入普通帧。

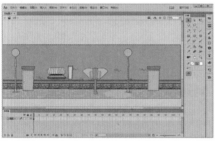

05 右击第300帧，在弹出菜单中选择【创建补间动画】命令，在第1帧至第300帧之间创建补间动画。

06 选择【插入】|【新建元件】命令，打开【创建新元件】对话框，创建一个名为"男孩走路"的影片剪辑元件。

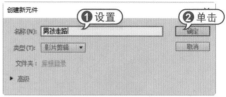

07 选择【文件】|【导入】|【导入到舞台】命令，打开【导入】对话框，选择"01"位图文件，单击【打开】按钮。

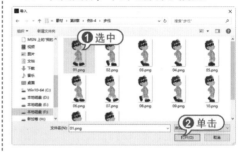

08 弹出对话框，询问是否导入序列中所有的图形文件，单击【是】按钮，将该组图片都导入舞台。

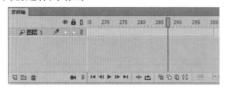

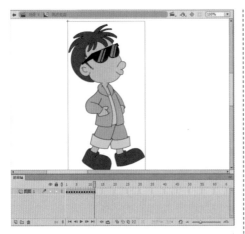

09 右击第1帧，在弹出菜单中选择【插入帧】命令，插入普通帧。

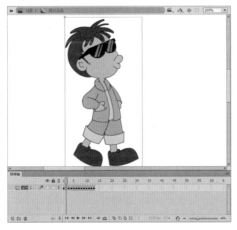

10 使用相同的方法，在其他关键帧后面都插入普通帧。

11 单击【场景1】按钮，返回场景。

12 在【时间轴】面板上单击【新建图层】按钮，新建一个名为"男孩"的图层。

13 打开【库】面板，将【库】面板中的【男孩走路】影片剪辑元件拖入到舞台中，并调整元件在图中的位置。

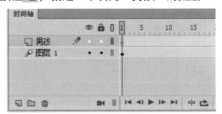

14 选择【男孩】图层的第300帧并右击，在弹出的菜单中选择【转换为关键帧】命令，将其转换为关键帧，然后将【男孩走

路】影片剪辑元件拖动到图片的最右端。

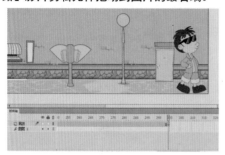

15 右击第1帧到299帧之间的任意1帧，选择【创建传统补间动画】命令，创建传统补间动画。

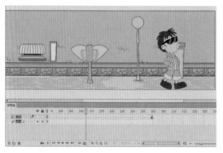

16 选择【文件】|【保存】命令，打开【另存为】对话框，设置文档的保存路

径，输入文档名称"走路动画"，然后单击【保存】按钮保存该文档。

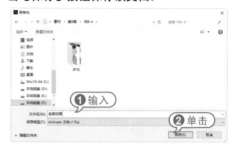

17 按Ctrl+Enter组合键预览动画，效果为男孩在街道上走路。

8.6 疑点解答

● 问：如何将补间动画转换为逐帧动画？

答：在补间动画文档中，右击补间动画范围内的任意1帧，在弹出的快捷菜单中选择【转换为逐帧动画】命令，此时补间动画范围内的每1帧都会转换为关键帧，需要注意的是，转换后的逐帧动画无法转换回补间动画。

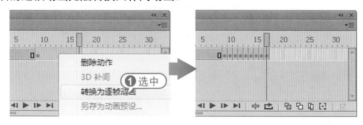

第9章

制作常用动画

　　使用时间轴和帧可以制作补间动画，使用不同的图层种类可以制作引导层和遮罩层动画。运用相关知识，还可以制作骨骼动画和多场景动画等，本章将主要介绍运用帧和图层制作常用的动画。

对应光盘视频

例9-1 制作补间形状动画　　　　例9-5 制作遮罩层动画
例9-2 制作传统补间动画　　　　例9-6 制作多场景动画
例9-3 制作补间动画　　　　　　例9-7 制作云朵飘动效果
例9-4 制作引导层动画　　　　　例9-8 制作弹跳效果

9.1 制作补间形状动画

补间形状动画是一种在制作对象形状变化时经常被使用到的动画形式，其制作原理是通过在两个具有不同形状的关键帧之间指定形状补间，以表现中间变化过程的方法形成动画。

9.1.1 创建补间形状动画

补间形状动画是通过在时间轴的某个帧中绘制一个对象，在另一个帧中修改该对象或重新绘制其他对象，然后由Animate CC计算出两帧之间的差距并插入过渡帧，从而创建出动画的效果。

最简单的完整补间形状动画至少应该包括两个关键帧、一个起始帧和一个结束帧，在起始帧和结束帧上至少各有一个不同的形状，系统根据两形状之间的差别生成补间形状动画。

进阶技巧

要在不同的形状之间形成补间形状动画，对象不可以是元件实例，因此对于图形元件和文字等，必须先将其分离后才能创建形状补间动画。

【例9-1】打开一个素材文档，创建补间形状动画。

🔘 视频+素材 (光盘素材\第09章\例9-1)

01 启动Animate CC 2017，打开一个素材文档，选择舞台上的火焰组合图形，按Ctrl+B组合键分离成形状。

02 分别在【图层1】和【图层2】的第80帧处插入关键帧。

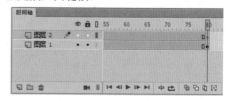

03 在【图层2】的第20帧处插入关键帧，然后在【工具】面板上选择【选择工具】🔺，调整烛火形状。

04 使用相同的方法，在【图层2】的第40帧和60帧处插入关键帧，使用【选择工具】分别修改两个关键帧中的烛火形状。

05 分别选择各个关键帧之间的任意帧，右击，弹出快捷菜单，选择【创建补间形状】命令。

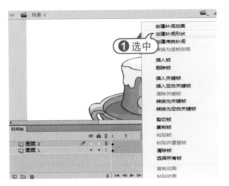

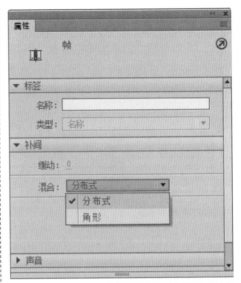

06 选择【文件】|【另存为】命令，打开
【另存为】对话框，将其命名为"补间形
状动画"文档加以保存。

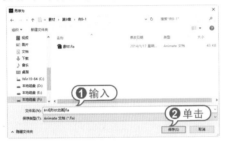

07 按Ctrl+Enter键测试动画效果。

9.1.2 编辑补间形状动画

  当建立一个补间形状动画后，可以进
行适当的编辑操作。选中补间形状动画中
的某一帧，打开其【属性】面板。

  在该面板中，主要参数选项的具体作
用如下。

  🔵【缓动】：设置补间形状动画发生相应
的变化。数值在-100~-1之间，动画运动的
速度从慢到快，向运动结束的方向加速度
补间；数值在1～100之间，动画运动的速
度从快到慢，向运动结束的方向减速度补
间。默认情况下，补间帧之间的变化速率
不变。

  🔵【混合】：单击该按钮，在下拉列表中
选择【角形】选项，在创建的动画中形状
会保留明显的角和直线，适合于具有锐化
转角和直线的混合形状；选择【分布式】
选项，在创建的动画中形状会比较平滑和
不规则。

  在创建补间形状动画时，如果要控制
较为复杂的形状变化，可使用形状提示。
选择形状补间动画起始帧，选择【修改】|
【形状】|【添加形状提示】命令，即可添
加形状提示。

  形状提示会标识起始形状和结束形状
中相对应的点，以控制形状的变化，从而
达到更加精确的动画效果。形状提示包含
26个字母(从a到z)，用于识别起始形状和
结束形状中相对应的点。其中，起始关键
帧的形状提示为黄色，结束关键帧的形状
提示为绿色，而当形状提示不在一条曲线

上时则为红色。在显示形状提示时，只有包含形状提示的层和关键帧处于当前状态下时，【显示形状提示】命令才处于可用状态。

9.2 制作传统补间动画

当需要在动画中展示移动位置、改变大小、旋转、改变色彩等效果时，就可以使用传统补间动画。

9.2.1 创建传统补间动画

传统补间动画又叫作中间帧动画、渐变动画等。只需建立起始和结束的画面，中间部分由软件自动生成动作补间效果。

Animate 可以对实例、组和类型的位置、大小、旋转和倾斜进行补间。另外，Animate 可以对实例和类型的颜色进行补间、创建渐变的颜色切换或使实例淡入或淡出。若要补间组或类型的颜色，请将它们变为元件。若要使文本块中的单个字符分别动起来，请将每个字符放在独立的文本块中。如果应用传统补间，然后更改两个关键帧之间的帧数，或移动任一关键帧中的组或元件，Animate 会自动重新对帧进行补间。

【例9-2】新建一个文档，创建传统补间动画。

🔊 视频+素材 (光盘素材\第09章\例9-2)

01 启动Animate CC 2017，新建一个文档，选择【文件】|【导入】|【导入到库】命令，打开【导入到库】对话框，选择两张图片，单击【打开】按钮。

02 在【库】面板中选择【图1】拖入到舞台中，打开其【属性】面板，设置X、Y值都为0，然后将舞台背景匹配图片。

03 选中图片，选择【修改】|【转换为元件】命令，打开【转换为元件】对话框，将其命名为"图1"，设置【类型】为【图形】，单击【确定】按钮。

04 在【时间轴】面板上的第130帧处按F5键插入帧，在第50帧处按F6键插入关键帧。

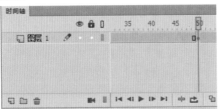

05 选择第1帧，选中图片，打开【属性】面板中的【色彩效果】选项组，设置样式为【Alpha】，值为0%。

06 在第1帧至第50帧处右击，在弹出的快捷菜单中选择【创建传统补间】命令，创建传统补间动画。

07 在第120帧处插入关键帧，将图片设置样式为【Alpha】，值为0%，然后在第51帧至第120帧之间创建传统补间动画。

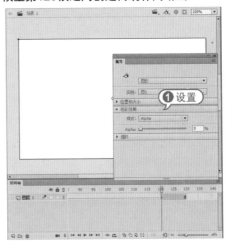

08 新建【图层2】，在第50帧处插入关键帧，打开【库】面板，将【图2】拖入到舞台，将其X、Y值设为0，然后将其转换为元件。

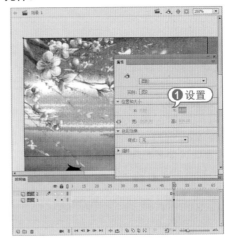

09 在【图层2】的第120帧处插入关键帧，将元件的X、Y值设置为-372和-322。

10 选中【图层2】的第50帧，选中元件，打开【属性】面板，设置样式为【Alpha】，值为0%。

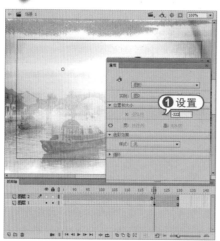

11 在第50帧至第120帧处右击，在弹出的快捷菜单中选择【创建传统补间】命令，创建传统补间动画。

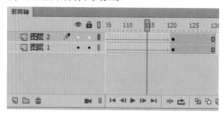

12 选择【文件】|【保存】命令，打开【另存为】对话框，将其命名为"传统补间动画"文档并加以保存。

13 按Ctrl+Enter键测试影片，效果如下图所示。

9.2.2 编辑传统补间动画

　　在设置传统补间动画之后，还可以通过【属性】面板，对传统补间动画进一步进行编辑。选中传统补间动画的任意一帧，打开【属性】面板。

1 面板各选项

在该面板中各选项的具体作用如下。

- 【缓动】：可以设置补间动画的缓动速度。如果该文本框中的值为正，则动画越来越慢；如果为负，则越来越快。如果单击右边的【编辑缓动】按钮，将会打开【自定义缓入/缓出】对话框，在该对话框中用户可以调整缓入和缓出的变化速率，以此调节缓动速度。

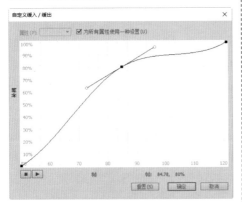

- 【旋转】：单击该按钮，在下拉列表中可以选择对象在运动的同时产生旋转效果，在后面的文本框中可以设置旋转的次数。
- 【调整到路径】：选择该复选框，可以使动画元素沿路径改变方向。
- 【同步】：选中该复选框，可以对实例进行同步校准。
- 【贴紧】：选中该复选框，可以将对象自动对齐到路径上。
- 【缩放】：选中该复选框，可以将对象进行大小缩放。

2 设置缓动

使用【自定义缓入/缓出】对话框可以为传统补间动画添加缓动方面的内容。该对话框中主要控件的属性如下。

- 【为所有属性使用一种设置】复选框：默认情况下该复选框处于选中状态；显示的曲线用于所有属性，并且【属性】弹出菜单是禁用的。该复选框没有选中时，【属性】弹出菜单是启用的，并且每个属性都有定义其变化速率的单独的曲线。

- 【属性】弹出菜单：仅当没有选中【为所有属性使用一种设置】复选框时启用。启用后，该菜单中显示的5个属性都会各自保持一条独立的曲线。在此菜单中选择一个属性会显示该属性的曲线。【位置】属性为舞台上动画对象的位置指定自定义缓入缓出设置。【旋转】属性为动画对象的旋转指定自定义缓入缓出设置。例如，可以微调舞台上的动画字符转向用户时的速度的快慢。【缩放】属性为动画对象的缩放指定自定义缓入缓出设置。例如，用户可以更轻松地通过自定义对象的缩放实现以下效果：对象好像渐渐远离查看者，再渐渐靠近，然后再次渐渐离开。【颜色】属性为应用于动画对象的颜色转变指定自定义缓入缓出设置。【滤镜】属性为应用于动画对象的滤镜指定自定义缓入缓出设置。例如，可以控制模拟光源方向变化的投影缓动设置。

- 播放和停止按钮：这些按钮允许用户使用"自定义缓入/缓出"对话框中定义的所有当前速率曲线，预览舞台上的动画。
- 【重置】按钮：允许用户将速率曲线重置为默认的线性状态。
- 所选控制点的位置：在该对话框的

右下角，一个数值显示所选控制点的关键帧和位置。如果没有选择控制点，则不显示数值。若要在线上添加控制点，请单击对角线一次。若要实现对对象动画的精确控制，请拖动控制点的位置。使用帧指示器(用方形手柄表示)，单击要减缓或加速对象的位置。单击控制点的方形手柄，可选择该控制点，并显示其两侧的正切点。 空心圆表示正切点。

3 添加缓入和缓出的步骤

要添加自定义缓入和缓出，可以使用以下步骤。

01 选择时间轴中一个已应用了传统补间的图层。

02 在帧【属性】面板中单击右边的【编辑缓动】按钮，打开【自定义缓入/缓出】对话框。

03 要显示单个补间属性的曲线，请取消选中【为所有属性使用一种设置】复选框，然后在菜单中选择一个属性。

04 若要添加控制点，请在按住 Ctrl 的同时单击对角线。

05 若要增加对象的速度，请向上拖动控制点；若要降低对象的速度，请向下拖动控制点。

06 若要进一步调整缓入/缓出曲线，并微调补间的缓动值，请拖动顶点手柄。

07 若要查看舞台上的动画，请单击左下角的播放按钮。

08 可以复制和粘贴缓入/缓出曲线。在退出 Animate 应用程序前，复制的曲线一直可用于粘贴。

09 调整控件直到获得所需的效果。

9.2.3 处理XML文件

Animate 允许用户将传统补间作为

XML 文件处理。 Animate允许用户对任何传统补间应用以下命令：将动画复制为XML、将动画导出为XML、将动画导入为XML。

1 将动画复制为 XML

首先创建传统补间动画，选择时间轴上的任一个关键帧，然后选择【命令】|【将动画复制为 XML】命令。

命令(C)

管理保存的命令(M)...
获取更多命令(G)...
运行命令(R)...

转换为其它文档格式
复制 ActionScript 的字体名称
将动画复制为 XML
作为放映文件导出
导出动画 XML
导入动画 XML

此时系统将动画属性作为 XML 数据复制到剪贴板上，之后用户可以使用任一文本编辑器来处理此 XML 文件。

2 将动画导出为 XML

Animate允许用户将应用到舞台上任一对象的动画属性导出为一个可以保存的XML 文件。

首先创建传统补间动画，然后选择【命令】|【导出动画 XML】命令。

此时打开【将动画XML另存为】对话框，设置XML文件的保存路径和名称，然后单击【保存】按钮，这个传统补间动画即作为一个XML文件导出到指定位置。

3 将动画导入为 XML

Animate允许用户导入一个已定义了动画属性的现有 XML 文件。

首先选择舞台上的一个对象，然后选择【命令】|【导入动画XML】命令，打开【打开动画XML】对话框，选择该 XML 文件，单击【确定】按钮。

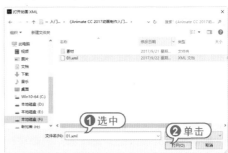

9.3 制作补间动画

补间动画是通过为不同帧中的对象属性指定不同的值而创建的动画。 Animate 将计算这两个帧之间该属性的值，用户可以通过鼠标拖动舞台上的对象来创建，这让动画制作变得简单快捷。

9.3.1 创建补间动画

补间动画是通过一个帧中的对象属性指定一个值，然后为另一个帧中相同属性的对象指定另一个值而创建的动画。由Animate自动计算这两个帧之间该属性的值。

补间动画主要以元件对象为核心，一切的补间动作都是基于元件。首先创建元件，然后将元件放到起始关键帧中。接着右击第1帧，在弹出的快捷菜单中选择【创建补间动画】命令，此时Animate将创建补间范围，其中浅蓝色帧序列即为创建的补间范围，然后在补间范围内创建补间动画。

补间动画和传统补间动画之间有所差别。Animate 支持两种不同类型的补间创建动画。补间动画功能强大，易于创建。通过补间动画可对补间的动画进行最大程度的控制。传统补间(包括在早期版本的 Animate 中创建的所有补间)的创建过程更

为复杂。尽管补间动画提供了更多对补间的控制，但传统补间提供了某些用户需要的特定功能。其差异主要包括以下几点。

🔹 传统补间使用关键帧。关键帧是其中显示对象的新实例的帧。补间动画只能具有一个与之关联的对象实例，并使用属性关键帧而不是关键帧。

🔹 补间动画在整个补间范围上由一个目标对象组成。传统补间允许在两个关键帧之间进行补间，其中包含相同或不同元件的实例。

🔹 补间动画和传统补间都只允许对特定类型的对象进行补间。在创建补间时，如果将补间动画应用到不允许的对象类型，Animate 会将这些对象类型转换为影片剪辑。应用传统补间会将它们转换为图形元件。

🔹 补间动画会将文本视为可补间的类型，而不会将文本对象转换为影片剪辑。传统补间会将文本对象转换为图形元件。

🍃 在补间动画范围上不允许使用帧脚本。传统补间允许使用帧脚本。

🍃 补间目标上的任何对象脚本都无法在补间动画范围的过程中更改。

🍃 可以在时间轴中对补间动画的范围进行拉伸和调整大小，并且它们被视为单个对象。

🍃 要选择补间动画范围中的单个帧，请在按住 Ctrl键的同时单击该帧。

🍃 对于传统补间，缓动可应用于补间内关键帧之间的帧组。对于补间动画，缓动可应用于补间动画范围的整个长度。若要仅对补间动画的特定帧应用缓动，则需要创建自定义缓动曲线。

🍃 利用传统补间，可以在两种不同的色彩效果(如色调和 Alpha 透明度)之间创建动画。补间动画可以对每个补间应用一种色彩效果。

🍃 只可以使用补间动画来为 3D 对象创建动画效果。无法使用传统补间为 3D 对象创建动画效果。

🍃 只有补间动画可以另存为动画预设。

🍃 对于补间动画，无法交换元件或设置属性关键帧中显示的图形元件的帧数。应用这些技术的动画要求使用传统补间。

🍃 在同一图层中可以有多个传统补间或补间动画，但在同一图层中不能同时出现两种补间类型。

在补间动画的补间范围内，用户可以为动画定义一个或多个属性关键帧，而每个属性关键帧可以设置不同的属性。

右击补间动画的帧，选择【插入关键帧】命令后的子命令，共有7种属性关键帧选项，即【位置】、【缩放】、【倾斜】、【旋转】、【颜色】、【滤镜】和【全部】选项。其中前6种针对6种补间动作类型，而第7种【全部】则可以支持所有补间类型。在关键帧上可以设置不同的属性值，打开其【属性】面板进行设置。

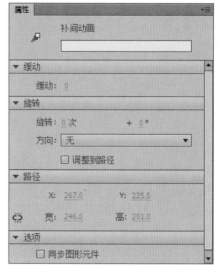

此外，在补间动画上的运动路径，可以使用【工具】面板上的【选择工具】、【部分选取工具】、【任意变形工具】、【钢笔工具】等工具选择运动路径，然后进行设置调整，这样可以编辑运动路径，改变补间动画移动的变化。

【例9-3】使用补间动画制作蝴蝶飞舞的动画。

🎬视频+素材 (光盘素材\第09章\例9-3)

01 启动Animate CC 2017，选择【文件】|【导入】|【导入到舞台】命令，打开【导入】对话框，选择图片文件，单击【打开】按钮将其导入到舞台。

02 设置舞台大小和匹配图片，效果如下图所示。

03 在【时间轴】面板上单击【新建图层】按钮，新建【图层2】图层。

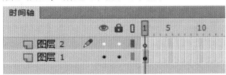

04 打开【库】面板，选择【蝴蝶】图形元件，拖入到舞台的左边。

05 右击【图层2】图层的第1帧，在弹出的快捷菜单中选择【创建补间动画】命令。

06 此时【图层2】添加了补间动画，右击第30帧，在弹出的菜单中选择【插入关键帧】|【位置】命令，插入属性关键帧。

07 调整蝴蝶元件实例在舞台中的位置，改变路径。

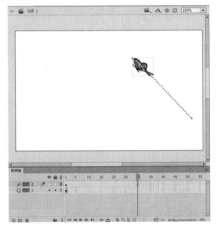

08 使用相同的方法，在第60帧和第80帧插入属性关键帧，在这两帧上分别调整元件在舞台上的位置，使其从右移动到左。

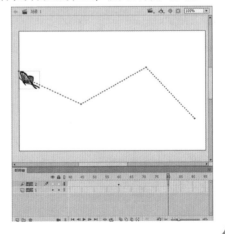

09 使用【选择工具】，拖动调整运动路径，使其变为弧形。

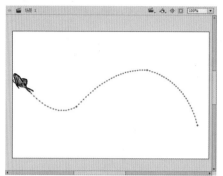

10 选择【图层1】第80帧，插入关键帧。

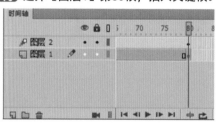

11 选择【图层2】第1帧，打开【属性】面板，在【缓动】选项组中，设置缓动为"-40"。

12 选择【文件】|【另存为】命令，打开

【另存为】对话框，将其命名为"补间动画"文档另存。

13 按Ctrl+Enter键测试影片，效果如下图所示。

9.3.2 运用动画预设

动画预设是指预先配置的补间动画，并将这些补间动画应用到舞台中的对象上。动画预设是添加一些基础动画的快捷方法，可以在【动画预设】面板中选择并应用动画。

进阶技巧

在【动画预设】面板中，可以创建并保存自定义的动画预设，还可以导入和导出动画预设，但动画预设只能包含补间动画。

1 使用动画预设

在舞台上选中元件实例或文本字段，选择【窗口】|【动画预设】命令，打开【动画预设】面板。单击【默认预设】文件夹名称

前面的 ▶ 按钮，展开文件夹，在该文件夹中显示了系统默认的动画预设，选中任意一个动画预设，单击【应用】按钮即可。每个对象只能应用一个动画预设。如果将第二个动画预设应用于相同的对象，则第二个动画预设将替换第一个预设。

一旦将预设应用于舞台中的对象后，在时间轴中会自动创建补间动画，如下图所示为蝴蝶元件添加【小幅度跳跃】动画预设选项的效果。

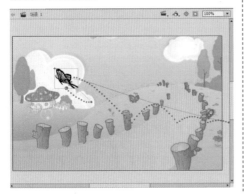

在【动画预设】面板中删除或重命名某个动画预设，对之前应用该预设创建的所有补间没有任何影响。如果在面板中现有的动画预设上保存新预设，它对使用原始预设创建的任何补间动画同样没有影响。

每个动画预设都包含特定数量的帧。在应用预设时，在时间轴中创建的补间范围将包含此数量的帧。如果目标对象已应用了不同长度的补间，补间范围将进行调整，以符合动画预设的长度。可在应用预设后调整时间轴中补间范围的长度。

2 保存动画预设

在Animate中，可以将创建的补间动画保存为动画预设，也可以修改【动画预设】面板中应用的补间动画，再另存为新的动画预设。新预设将显示在【动画预设】面板中的【自定义预设】文件夹中。

要保存动画预设，首先选中时间轴中的补间动画范围、应用补间动画的对象或者运动路径。

然后单击【动画预设】面板中的【将选区另存为预设】按钮，或者右击运动路径，在弹出的快捷菜单中选择【另存为动画预设】命令，打开【将预设另存为】对话框，在【预设名称】文本框中输入另存为动画预设的预设名称，单击【确定】按钮，即可保存动画预设。此时在【动画预设】面板中的【自定义预设】文件夹中显示保存的【新预设】选项。

3 导入和导出动画预设

【动画预设】面板中的预设还可以进行导入和导出操作。右击【动画预设】面板中的某个预设，在弹出的快捷菜单中选择【导出】命令，打开【另存为】对话框，在【保存类型】下拉列表中，默认的保存预设文件后缀名为*.xml，在【文件名】文本框中可以输入导出的动画预设名称，单击【保存】按钮，完成导出动画预设操作。

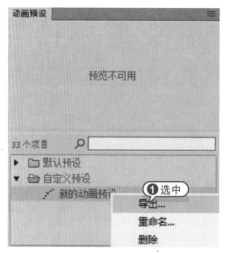

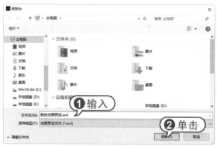

要导入动画预设，选中【动画预设】面板中要导入预设的文件夹，然后单击【动画预设】面板右上角的■按钮，在菜单中选择【导入】命令，打开【导入动画预设】对话框，选中要导入的动画预设，

单击【打开】按钮，导入到【动画预设】面板中。

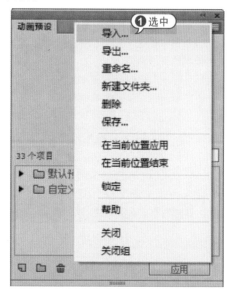

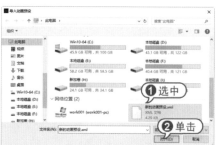

4 创建自定义动画预设预览

自定义的动画预设是不能在【动画预设】面板中预览的，可以为所创建的自定义动画预设创建预览，通过将演示补间动画的SWF文件存储于动画预设XML文件所在的目录中，即可在【动画预设】面板中预览自定义动画预设。

创建补间动画，另存为自定义预设，选择【文件】|【发布】命令，从FLA文件创建SWF文件，将SWF文件拖动到已保存的自定义动画预设XML文件所在的目录中即可。

9.3.3 使用【动画编辑器】

创建完补间动画后，双击补间动画其中任意1帧，即可在【时间轴】面板中打开【动画编辑器】。【动画编辑器】可以更加详细地设置补间动画的运动轨迹，在网格上显示属性曲线，该网格表示发生选定补间的时间轴的各个帧。

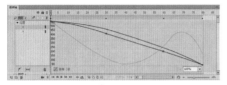

在【动画编辑器】中可以进行以下操作。

👉 右击曲线网格，在弹出的快捷菜单中选择【复制】、【粘贴】、【反转】、【翻转】等命令，比如选择【翻转】命令，可以将曲线呈镜像反转，改变运动轨迹。

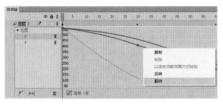

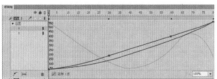

👉 单击【适应视图大小】按钮 ↦ 可以让曲线网格界面适合当前的时间轴面板大小。

👉 单击【在图形上添加锚点】按钮 ◢ 可以在曲线上添加锚点来改变运动轨迹。

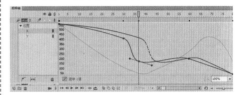

👉 单击【添加缓动】按钮 ✍ 弹出面板，选择添加各种缓动选项，也可以添加锚点自定义缓动曲线。

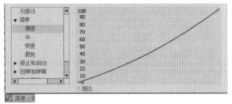

在【动画编辑器】中，可以精确控制补间的每条属性曲线的形状(x、y和z轴属性除外)。对于其他属性，可以使用标准贝塞尔控件(锚点)编辑每个图形的曲线。使用这些控件的方法与使用【选取】工具或【钢笔】工具编辑笔触的方法相似。向上移动曲线段或控制点可增加属性值，向下移动可减小属性值。

9.4 制作引导层动画

引导层是一种特殊的图层，在该图层中，同样可以导入图形和引入元件，但是最终发布动画时引导层中的对象不会被显示出来，按照引导层发挥的功能不同，可以分为普通引导层和传统运动引导层两种类型。

9.4.1 普通引导层

普通引导层在【时间轴】面板的图层名称前方会显示 ⟨ 图标，该图层主要用于辅助静态对象定位，并且可以不产生被引导层而单独使用。

创建普通引导层的方法与创建普通图层的方法相似，右击要创建普通引导层的图层，在弹出的菜单中选择【引导层】命令，即可创建普通引导层。

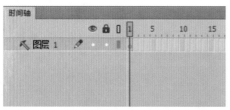

进阶技巧

右击普通引导层,在弹出的快捷菜单中选择【引导层】命令,可以将普通引导层转换为普通图层。

9.4.2 传统运动引导层

传统运动引导层在时间轴上以 按钮表示,该图层主要用于绘制对象的运动路径,可以将图层链接到同一个运动引导层中,使图层中的对象沿引导层中的路径运动,此时,该图层将位于传统运动引导层下方并成为被引导层。

右击要创建传统运动引导层的图层,在弹出的菜单中选择【添加传统运动引导层】命令,即可创建传统运动引导层,而该引导层下方的图层会转换为被引导层。

如果再次选择【引导层】命令,可以

将传统运动引导层转换为普通图层。

下面将通过一个简单实例说明传统运动引导层动画的创建方法。

【例9-4】使用传统运动引导层制作投掷飞碟的动画。

视频+素材 (光盘素材\第09章\例9-4)

01 启动Animate CC 2017,打开一个素材文档。

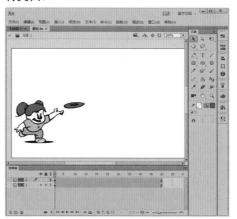

02 在【时间轴】面板上选中【图层2】的第50帧,插入关键帧,将舞台上的飞碟元件移动到舞台右上角。

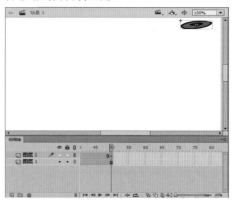

03 选中【图层2】的第1帧并右击,弹出快捷菜单,选中【创建传统补间】命令,创建传统补间动画。

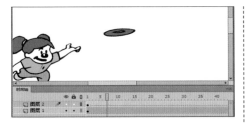

04 右击【图层2】，在弹出的快捷菜单中选择【添加传统运动引导层】命令，添加传统运动引导层。

05 选中【引导层】第1帧，使用【铅笔】工具绘制一条曲线作为飞碟的运动轨迹。

06 选中【图层2】第1帧，使用【选择】工具将飞碟元件移到曲线左端，且让元件中心紧贴在曲线上。

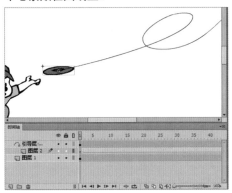

07 选中【图层2】第50帧，使用【选择】工具将飞碟元件移到曲线右端，且让元件中心紧贴在曲线上。

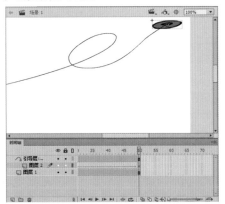

08 选中【图层2】1至49帧中的任意1帧，打开【属性】面板，设置【补间】选项组中的【缓动】为-70。

09 按Ctrl+Enter键测试投掷飞碟的动画效果。

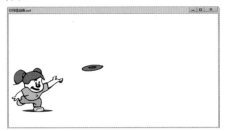

9.5 制作遮罩层动画

使用遮罩层可以制作更加复杂的动画，在动画中只需要设置一个遮罩层，就能遮掩一些对象，可以制作出灯光移动或其他复杂的动画效果。

9.5.1 遮罩层动画原理

遮罩层是制作动画时非常有用的一种特殊图层，它的作用就是可以通过遮罩层内的图形看到被遮罩层中的内容，利用这一原理，用户可以使用遮罩层制作出多种复杂的动画效果。

在遮罩层中，与遮罩层相关联的图层中的实心对象将被视作一个透明的区域，透过这个区域可以看到遮罩层下面一层的内容；而与遮罩层没有关联的图层，则不会被看到。其中，遮罩层中的实心对象可以是填充的形状、文字对象、图形元件的实例或影片剪辑等，但是，线条不能作为与遮罩层相关联的图层中的实心对象。

此外，设计者还可以创建遮罩层动态效果。对于用作遮罩的填充形状，可以使用补间形状；对于对象、图形实例或影片剪辑，可以使用补间动画。当使用影片剪辑实例作为遮罩时，可以使遮罩沿着运动路径运动。

9.5.2 创建遮罩层动画

所有的遮罩层都是由普通层转换过来的。要将普通层转换为遮罩层，可以右击该图层，在弹出的快捷菜单中选择【遮罩层】命令，此时该图层的图标会变为 ▣，表明它已被转换为遮罩层；而紧贴它下面的图层将自动转换为被遮罩层，图标为 ▣。

在创建遮罩层后，通常遮罩层下方的一个图层会自动设置为被遮罩图层，若要创建遮罩层与普通图层的关联，使遮罩层能够同时遮罩多个图层，可以通过下列方法来实现。

🔹 在时间轴上的【图层】面板中，将现有的图层直接拖到遮罩层下面。

🔹 在遮罩层的下方创建新的图层。

🔹 选择【修改】|【时间轴】|【图层属性】命令，打开【图层属性】对话框，在【类型】选项区域中选中【被遮罩】单选按钮，然后单击【确定】按钮即可。

如果要断开某个被遮罩图层与遮罩层的关联，可先选择要断开关联的图层，然后将该图层拖到遮罩层的上面；或选择【修改】|【时间轴】|【图层属性】命令，在打开的【图层属性】对话框中的【类型】选项区域中选中【一般】单选按钮，然后单击【确定】按钮即可。

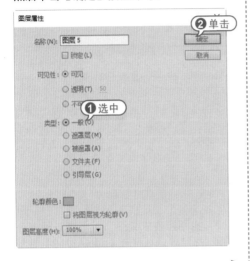

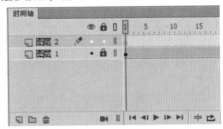

层】按钮，新建【图层2】。

03 选择【文本工具】，在其【属性】面板中选择【静态文本】选项，设置系列为隶书，大小为32，颜色为白色。

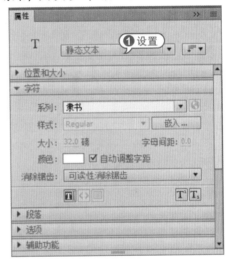

【例9-5】制作遮罩层动画。
🎬 视频+素材 (光盘素材\第09章\例9-5)

01 启动Animate CC 2017，打开一个素材文档。

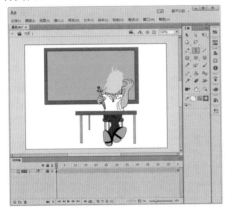

02 在【时间轴】面板上单击【新建图

04 选择【图层2】第1帧，在舞台中输入文本。

05 在【时间轴】面板上单击【新建图层】按钮，新建【图层3】。

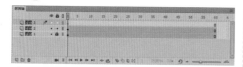

06 选择【矩形工具】在舞台上绘制一个红色无笔触的矩形。

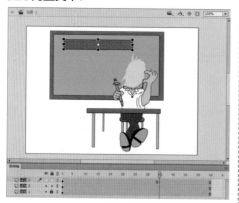

07 在【图层3】第40帧上插入关键帧，选择【任意变形工具】选择矩形并按住Alt键，拖动矩形上的控制点向右拖动，扩大矩形掩盖文本。

08 右击【图层3】第1帧，在弹出的菜单中选择【创建补间形状】命令，在1至39帧内创建补间形状动画。

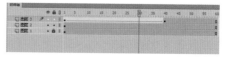

09 右击【图层3】，在弹出的菜单中选择【遮罩层】命令，转换为遮罩层。

10 按Ctrl+Enter键，测试动画效果。

9.6 制作骨骼动画

使用【骨骼工具】✔.可以创建一系列连接的对象，创建链型效果，帮助用户更加轻松地创建出各种人物动画，如胳膊、腿的反向运动效果。

9.6.1 添加骨骼

反向运动是使用骨骼的关节结构对一个对象或彼此相关的一组对象进行动画处理的方法。使用骨骼、元件实例和形状对象可以按复杂而自然的方式移动，只需做很少的设计工作。

可以向单独的元件实例或单个形状的内部添加骨骼。在一个骨骼移动时，与启动运动的骨骼相关的其他连接骨骼也会移动。使用反向运动进行动画处理时，只需指定对象的开始位置和结束位置即可。骨骼链称为骨架。在父子层次结构中，骨架中的骨骼彼此相连。骨架可以是线性或分支的。源于同一骨骼的骨架分支称为同级。骨骼之间的连接点称为关节。

在Animate CC 2017中可以按两种方式使用【骨骼工具】：一是通过添加将每个实例与其他实例连接在一起的骨骼，用关节连接一系列的元件实例；二是向形状对象的内部添加骨架，可以在合并绘制模式或对象绘制模式中创建形状。在添加骨骼时，Animate可以自动创建与对象关联的骨架移动到时间轴中的姿势图层。此新图层称为骨架图层。每个骨架图层只能包含一个骨架及其关联的实例或形状。

1 向形状添加骨骼

在舞台中绘制一个图形，选中该图形，选择【工具】面板中的【骨骼工具】，在图形中单击并拖动到形状内的其他位置。在拖动时，将显示骨骼。释放鼠标后，在单击的点和释放鼠标的点之间将显示一个实心骨骼。每个骨骼都由头部、线和尾部组成。

其中骨架中的第一个骨骼是根骨骼，显示为一个圆围绕骨骼头部。添加第一个骨骼时，在形状内往骨架根部所在的位置单击即可连接。

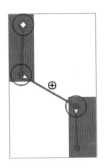

要添加其他骨骼，可以拖动第一个骨骼的尾部到形状内的其他位置即可，第二个骨骼将成为根骨骼的子级。按照要创建的父子关系的顺序，将形状的各区域与骨骼连接在一起。

2 向元件添加骨骼

通过【骨骼工具】可以向影片剪辑、图形和按钮元件实例添加反向运动骨骼，将元件和元件连接在一起，共同完成一套动作。

在舞台中有一个由多个元件组成的对象，选择【骨骼工具】，单击要成为骨架的元件的头部或根部，然后拖动到另一个元件实例，将两个元件连接在一起。如果要添加其他骨骼，使用【骨骼工具】从第一个骨骼的根部拖动到下一个元件实例即可。

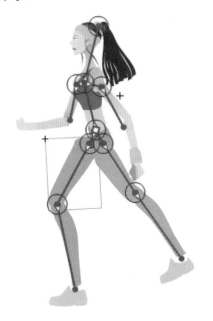

9.6.2 编辑骨骼

创建骨骼后，可以使用多种方法编辑骨骼，例如重新定位骨骼及其关联的对象，在对象内移动骨骼，更改骨骼的长度，删除骨骼，以及编辑包含骨骼的对象。

1 选择骨骼

要编辑骨架，首先要选择骨骼，可以通过以下方法选择骨骼。

🖢 要选择单个骨骼，可以选择【选择工具】，单击骨骼即可。

🖢 按住Shift键，可以单击选择同个骨骼中的多个骨架。

🖢 要将所选内容移动到相邻骨骼，可以单击【属性】面板中的【上一个同级】、【下一个同级】、【父级】或【子级】按钮。

🖢 要选择整个骨架并显示骨架的属性和骨架图层，可以单击骨骼图层中包含骨架的帧。

🖢 要选择骨骼形状，单击该形状即可。

2 重新定位骨骼

添加的骨骼还可以重新定位，可以通过以下方法实现。

🖢 要重新定位骨架的某个分支，可以拖动该分支中的任何骨骼。该分支中的所有骨骼都将移动，骨架的其他分支中的骨骼不会移动。

🖢 要将某个骨骼与子级骨骼一起旋转而不移动父级骨骼，可以按住Shift键拖动该骨骼。

🖢 要将某个骨骼形状移动到舞台上的新位置，请在属性检查器中选择该形状并更改X和Y属性。

3 删除骨骼

删除骨骼可以删除单个骨骼和所有骨骼，可以通过以下方法实现。

🖢 要删除单个骨骼及所有子级骨架，可以选中该骨骼，按下Delete键即可。

🖢 要从某个骨骼形状或元件骨架中删除所有骨骼，可以选择该形状或该骨架中的任何元件实例，选择【修改】|【分离】命令，分离为图形即可删除整个骨骼。

4 移动骨骼

移动骨骼操作可以移动骨骼的任一端位置，并且可以调整骨骼的长度，具体方法如下。

🖢 要移动骨骼形状内骨骼任一端的位置，可以选择【部分选取工具】，拖动骨骼的一端即可。

🖢 要移动元件实例内骨骼连接、头部或尾部的位置，打开【变形】面板，移动实例的变形点，骨骼将随变形点移动。

🖢 要移动单个元件实例而不移动任何其他连接的实例，可以按住Alt键，拖动该实例，或者使用任意变形工具拖动它。连接到实例的骨骼会自动调整长度，以适应实例的新位置。

5 编辑骨骼形状

用户还可以对骨骼形状进行编辑。使用【部分选取工具】，可以在骨骼形状中删除和编辑轮廓的控制点。

🖢 要移动骨骼的位置而不更改骨骼形状，可以拖动骨骼的端点。

🖢 要显示骨骼形状边界的控制点，单击形状的笔触即可。

🖢 要移动控制点，直接拖动该控制点即可。

🖢 要删除现有的控制点，选中控制点，按下Delete键即可。

创建骨骼动画的方式与Animate中的其他对象不同。对于骨架，只需向骨架图层中添加帧并在舞台上重新定位骨架即可创建关键帧。骨架图层中的关键帧称为姿势，每个姿势图层都自动充当补间图层。

要在时间轴中对骨架进行动画处理，可以右击骨架图层中要插入姿势的帧，在弹出的快捷菜单中选择【插入姿势】命令，插入姿势，然后使用选取工具，更改骨架的配置。Animate会自动在姿势之间的帧中插入骨骼。如果要在时间轴中更改动画的长度，直接拖动骨骼图层中末尾的姿势即可，其基本步骤如下。

01 启动Animate CC 2017，新建一个文档，选择【导入】|【导入到舞台】命令，将图片文件导入到舞台并调整其位置。

02 选择【插入】|【新建元件】命令，创建影片剪辑元件【女孩】。

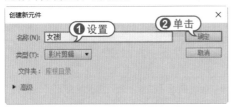

03 选择【文件】|【导入】|【打开外部库】命令，打开【girl】文件，将外部库中女孩图形的组成部分的影片剪辑元件拖入到舞台中。

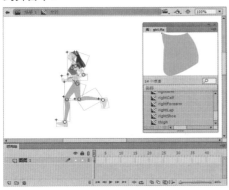

04 使用【骨骼工具】，在多个躯干实例之间添加骨骼，并调整骨骼之间的旋转角度。

05 选择图层的第50帧，选择【插入普通帧】命令，然后在第25帧处，选择【插入姿势】命令，并调整骨骼的姿势。

06 返回【场景一】，新建【图层2】，将【女孩】影片剪辑拖入到舞台的右侧。

07 选择第100帧，将该影片剪辑移动到舞台左侧，并添加补间形状动画。在【图层1】中增加关键帧，使背景图和女孩图形都显示。

08 按Ctrl+Enter键，测试动画效果。

9.7 制作多场景动画

在Animate CC 2017中，除了默认的单场景动画以外，用户还可以应用多个场景来编辑动画，比如动画风格转换时就可以使用多个场景。

9.7.1 ◀ 编辑场景

Animate默认只使用一个场景(场景1)来组织动画，用户可以自行添加多个场景来丰富动画，每个场景都有自己的主时间轴，在其中制作动画的方法也一样。

下面介绍场景的创建和编辑的方法。

◐ 添加场景：要创建新场景，可以选择【窗口】【场景】命令，在打开的【场景】面板中单击【添加场景】按钮🖵，即可添加【场景2】。

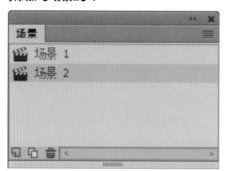

◐ 切换场景：要切换多个场景，可以单击【场景】面板中要进入的场景，或者单击

舞台右上方的【编辑场景】按钮🎬，，选择下拉列表选项。

◐ 更改场景名称：要重命名场景，可以双击【场景】面板中要改名的场景，使其变为可编辑状态，输入新名称即可。

◐ 复制场景：要复制场景，可以在【场景】面板中选择要复制的场景，单击【重制场景】按钮🗗，即可将原场景中所有内容都复制到当前场景中。

● 排序场景：要更改场景的播放顺序，可以在【场景】面板中拖动场景到相应位置。

● 删除场景：要删除场景，可以在【场景】面板中选中某场景，单击【删除场景】按钮🗑，在弹出的提示对话框中单击【确定】按钮即可。

9.7.2 创建多场景动画

下面用一个简单实例来介绍如何制作多场景动画。

【例9-6】打开一个素材文档，创建多场景动画。

🎬 视频+素材 (光盘素材\第09章\例9-6)

----

01 启动Animate CC 2017，打开一个素材文档。选择【窗口】|【场景】命令，打开【场景】面板。

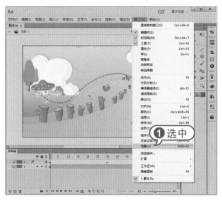

02 单击其中的【复制场景】按钮🗂，出现【场景1 复制】场景选项。

03 双击该场景，输入新名称"场景2"。

04 用相同方法创建新场景，并重命名为"场景3"。

05 选择【文件】|【导入】|【导入到库】命令，打开【导入到库】对话框，选择两张位图文件导入到库。

06 选择【场景3】中的背景图形，打开其【属性】面板，单击【交换】按钮。

07 打开【交换位图】对话框，选择【02】图片文件，单击【确定】按钮。

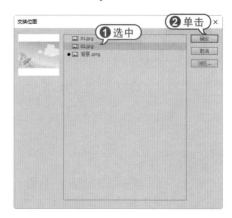

08 此时【场景3】背景图形为【02】图片背景。

09 在【场景】面板上选中【场景2】，使用相同的方法，在【交换位图】对话框中选择【01】图形文件。

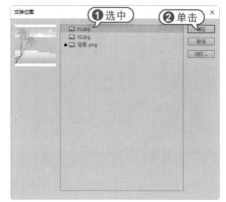

10 此时【场景2】背景图形为【01】图片背景。

景1】的顺序来排列。

11 打开【场景】面板,将【场景3】和【场景2】拖动到【场景1】之上,使3个场景的排序以【场景3】、【场景2】、【场

12 将该文档以"多场景动画"为名另存。

9.8 进阶实战

本章的进阶实战部分为制作云朵飘动效果和制作弹跳效果两个综合实例操作,用户通过练习从而巩固本章所学知识。

9.8.1 制作云朵飘动效果

【例9-7】新建一个文档,制作云朵飘动画效果。

🎬 视频+素材 (光盘素材\第09章\例9-7)

01 启动Animate CC 2017,新建一个文档。

02 选择【矩形】工具,绘制一个矩形形状,删除矩形图形笔触,将大小设置为舞台默认大小。

03 选择【颜料桶】工具,设置填充颜色为线性渐变色,打开【颜色】面板,设置渐变色为蓝白渐变色。

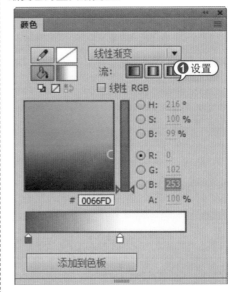

04 填充矩形图形,选择【渐变变形】工具调整渐变色,最后矩形填充颜色效果如

下图所示。

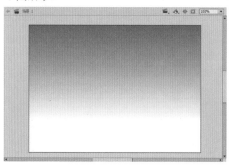

05 新建【图层2】图层，然后选择【插入】|【新建元件】命令，新建一个【影片剪辑】元件。

06 进入【影片剪辑】元件编辑模式，选择【铅笔】工具，绘制云朵图形轮廓，选择【颜料桶】工具，设置填充颜色为"放射性渐变色填充"，在【颜色】面板中设置渐变色，填充云朵颜色，删除云朵图形笔触，然后绘制其他大小和轮廓不相同的云朵图形，选中所有的云朵图形，按下Ctrl+G键组合图形。

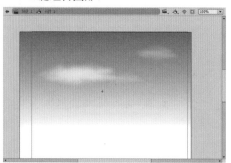

07 选中组合的图形，复制多个相同的图形，然后选中所有图形，选择【修改】|【转换为元件】命令，转换为图形元件。

08 在【图层1】图层第80帧处插入关键帧，将【图形】元件拖动到舞台外右侧。选中第1~80帧，右击，弹出快捷菜单，选择【创建传统补间】命令，形成传统补间动画。

09 返回场景，新建【图层3】图层，将该图层移至最顶层，导入【草坪】文件到舞台中，并调整图像的大小和位置。

10 选择【文件】|【保存】命令，打开【另存为】对话框，将其命名为"云朵飘动效果"，单击【保存】按钮。

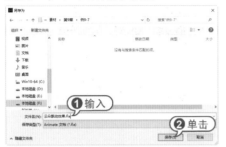

11 按下Ctrl+Enter键测试动画效果，效果为云朵在天空中飘动。

9.8.2 制作弹跳效果

【例9-8】打开一个素材文档，制作弹跳动画效果。

🎬 视频+素材 (光盘素材\第09章\例9-8)

01 启动Animate CC 2017，打开一个素材文档。

02 新建【图层2】，选择【导入】|【导入到舞台】命令，将图片文件导入到舞台。

03 选择【修改】|【文档】命令，打开【文档设置】对话框，单击【匹配内容】按钮，使背景和舞台一致。

04 在【时间轴】面板上拖动【图层1】至【图层2】之上，将飞船实例显示于背景之前。

05 选择【窗口】|【动画预设】命令，打开【动画预设】面板。在【动画预设】面板中打开【默认预设】列表，选择【3D弹入】选项，单击【应用】按钮。

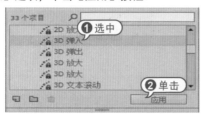

06 Animate自动为元件添加补间动画，选择【任意变形工具】调整补间动画的路径。

07 在【图层2】中的第75帧插入关键帧，使背景覆盖整个动画过程。

08 按下Ctrl+Enter键，测试动画效果。

9.9 疑点解答

●| 问：如何自动分配图层？

答：Animate允许用户在舞台中选择多个对象，然后自动将它们分配到图层中。比如使用【文本】工具在舞台中创建一个横排文本框并输入文字，然后使用Ctrl+B组合键将其分离成一组单字符文本对象，然后在菜单栏上选中【修改】|【时间轴】|【分散到图层】命令，此时舞台上的文本对象就会按照排列顺序自动分布到各自图层，每个图层还会自动以其包含的字符命名。

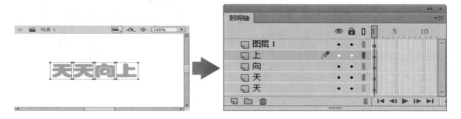

第10章

使用脚本语言

ActionScript是Animate CC的动作脚本语言，使用动作脚本语言可以与Animate CC后台数据库进行交流，结合脚本语言，可以制作出交互性强、动画效果更加绚丽的动画。本章主要介绍ActionScript基础知识及其交互式动画的应用内容。

例10-1 动态显示进度条效果
例10-2 下雪效果
例10-3 蒲公英飘动效果
例10-4 按钮切换图片效果

10.1　ActionScript语言简介

ActionScript语言是Animate CC与程序进行通信的方式。通过输入代码，系统将自动执行相应的任务，并询问在影片运行时发生了什么。这种双向的通信方式，可以创建具有交互功能的影片。

10.1.1　ActionScript入门

ActionScript脚本撰写语言允许用户向应用程序添加复杂的交互性、播放控制和数据显示。可以使用动作面板、【脚本】窗口或外部编辑器在创作环境内添加ActionScript。

1　ActionScript版本

Animate 包含多个 ActionScript 版本，以满足各类开发人员和播放硬件的需要。ActionScript 3.0 和 2.0 相互之间不兼容。

💡 ActionScript 3.0 的执行速度非常快。与其他 ActionScript 版本相比，此版本要求开发人员对面向对象的编程概念有更深入的了解。ActionScript 3.0 完全符合 ECMAScript 规范，提供了更出色的 XML 处理、一个改进的事件模型以及一个用于处理屏幕元素的改进的体系结构。使用 ActionScript 3.0 的 FLA 文件不能包含 ActionScript 的早期版本。

💡 ActionScript 2.0 比 ActionScript 3.0 更容易学习。尽管 FlashPlayer 运行编译后的 ActionScript 2.0 代码比运行编译后的 ActionScript 3.0 代码的速度慢，但 ActionScript 2.0 对于许多计算量不大的项目仍然十分有用；例如，更面向设计方面的内容。ActionScript 2.0 也基于 ECMAScript 规范，但并不完全遵循该规范。

2　使用【动作】面板

在创作环境中编写 ActionScript 代码时，可使用【动作】面板。【动作】面板包含一个全功能代码编辑器，其中包括代码提示和着色、代码格式设置、语法加亮

显示、调试、行号、自动换行等功能，并支持Unicode。

首先选中关键帧，然后选择【窗口】|【动作】命令，打开【动作】面板。动作面板包含两个窗格：右边的【脚本】窗格供用户输入与当前所选帧相关联的 ActionScript 代码。左边的【脚本导航器】列出 Animate 文档中的脚本，可以快速查看这些脚本。在脚本导航器中单击一个项目，就可以在脚本窗格中查看脚本。

工具栏位于【脚本】窗格的上方，有关工具栏中主要按钮的具体作用如下。

💡【固定脚本】按钮📌：单击该按钮，固定当前帧当前图层的脚本。

【插入实例路径和名称】按钮 ⊕：单击该按钮，打开【插入目标路径】对话框，可以选择插入按钮或影片剪辑元件实例的目标路径。

【查找】按钮 🔍：单击该按钮，展开高级选项，在文本框中可以输入内容，可以进行查找与替换。

【设置代码格式】按钮 ▤：单击该按钮，为写好的脚本提供默认的代码格式。

【代码片断】按钮 <>：单击该按钮，打开【代码片断】面板，可以使用预设的ActionScript语言。

【帮助】按钮 ❓：单击该按钮，打开链接网页，提供ActionScript语言的帮助信息。

3 ActionScript 首选参数

在动作面板或【脚本】窗格中编辑代码，都可以设置和修改一组首选参数。

选择【编辑】|【首选参数】命令，打开【首选参数】对话框中的 【代码编辑器】选项卡，可以设置以下首选参数。

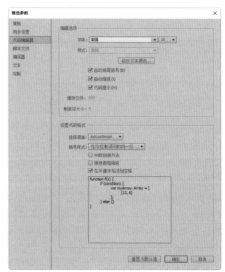

【自动缩进】：如果打开了自动缩进，在左小括号（或左大括号 { 之后输入的文本将按照【制表符大小】设置自动缩进。

【制表符大小】指定新行中将缩进的字符数。

【代码提示】：在【脚本】窗格中启用代码提示。

【字体】：指定用于脚本的字体。

打开【首选参数】对话框中的 【脚本文件】选项卡，可以设置以下首选参数。

【打开】：指定打开ActionScript 文件时使用的字符编码。

【重新加载修改的文件】：指定脚本文件被修改、移动或删除时将如何操作。 选择【总是】(不显示警告，自动重新加载文件)、【从不】(不显示警告，文件仍保持当前状态)或【提示】选项(显示警告，可以选择是否重新加载文件)。

10.1.2　ActionScript常用术语

在学习编写ActionScript之前，首先要了解一些ActionScript的常用术语，有关ActionScript中的常用术语名称和介绍说明如下所示。

动作：是在播放影片时指示影片执行某些任务的语句。例如，使用gotoAndStop动作可以将播放头放置到特定的帧或标签。

布尔值：是true或false值。

类：是用于定义新类型对象的数据类型。要定义类，需要创建一个构造函数。

常数：是不变的元素。例如，常数Key.TAB的含义始终不变，它代表键盘上的Tab键。常数对于比较值是非常有用的。

数据类型：是值和可以对这些值执行的动作的集合，包括字符串、数字、布尔值、对象、影片剪辑、函数、空值和未定义等。

事件：是在影片播放时发生的动作。

函数：是可以向其传递参数并能够返回值的可重复使用的代码块。例如，可以向getProperty函数传递属性名和影片剪辑的实例名，然后它会返回属性值；使用getVersion函数可以得到当前正在播放影片的Flash Player版本号。

标识符：是用于表明变量、属性、对象、函数或方法的名称。它的第一个字符必须是字母、下划线 (_) 或美元记号 ($)。其后的字符必须是字母、数字、下划线或美元记号。例如，firstName是变量的名称。

实例：是属于某个类的对象。类的每个实例包含该类的所有属性和方法。所有影片剪辑都是具有MovieClip类的属性(例如_alpha和_visible)和方法(例如gotoAndPlay和 getURL)的实例。

运算符：是通过一个或多个值计算新值的连接符。

关键字：是有特殊含义的保留字。例如，var是用于声明本地变量的关键字。但是在Animate中，不能使用关键字作为标识符。

对象：是属性和方法的集合，每个对象都有自己的名称，并且都是特定类的实例。内置对象是在动作脚本语言中预先定义的。例如，内置对象Date可以提供系统时钟信息。

变量：是保存任何数据类型的值的标识符。可以创建、更改和更新变量，也可以获得它们存储的值以在脚本中使用。

10.2　ActionScript语言基础

ActionScript动作脚本具有语法和标点规则，这些规则可以确定哪些字符和单词能够用来创建含义及编写它们的顺序。下面将详细介绍ActionScript语言的主要组成部分及其作用。

10.2.1　ActionScrip基本语法

ActionScript语法是ActionScript编程中最重要的环节之一，ActionScript的语法相对于其他的一些专业程序语言来说较为简单。ActionScript动作脚本主要包括语法和标点规则。

1 点语法

在动作脚本中，点(.)通常用于指向一个对象的某一个属性或方法，或者标识影片剪辑、变量、函数或对象的目标路径。点语法表达式是以对象或影片剪辑的名称开始，后面跟一个点，最后以要指定的元素结束。

例如，MCjxd实例的play方法可在MCjxds的时间轴中移动播放头，如下所示：

```
MCjxd.play();
```

进阶技巧

在ActionScript中，点(.)不但可以指向一个对象或影片剪辑相关的属性或方法，还可以指向一个影片剪辑或变量的目标路径。

2 大括号

大括号({ })用于分割代码段，也就是把大括号中的代码分成独立的一块，用户可以把括号中的代码看作是一句表达式。

例如如下代码中，_MC.stop();就是一段独立的代码。

```
On(release) {
    _MC.stop();
}
```

3 小括号

在AcrtionScript中，小括号用于定义和调用函数。在定义和调用函数时，原函数的参数和传递给函数的各个参数值都用小括号括起来，如果括号里面是空，表示没有任何参数传递。

4 分号

在ActionScript中，分号(;)通常用于结束一段语句。

5 字母大小写

在ActionScript中，除了关键字以外，对于动作脚本的其余部分，是不严格区分大小写的，例如如下代码表达的效果是一样的，在Animate中都是执行同样的过程。

```
ball.height =100;
Ball.Height=100;
```

进阶技巧

在编写脚本语言时，对于函数和变量的名称，最好将它首字母大写，以便于在查阅动作脚本代码时更易于识别它们。由于动作脚本是不区分大小写的，因此在设置变量名时不可以使用与内置动作脚本对象相同的名称。

6 注释

注释可以向脚本中添加说明，便于对程序的理解，常用于团队合作或向其他人员提供范例信息。若要添加注释，可以执行下列操作之一：

🔹 注释某一行内容，在"动作"面板的脚本语言编辑区域中输入符号"//"，然后输入注释内容。

🔹 注释多行内容，在"动作"面板的专家模式下输入符号"/*"和"*/"符号，然后在两个符号之间输入注释内容。

进阶技巧

默认情况下，注释在脚本窗格中显示为灰色。注释内容的长度是没有限制的，并且不会影响导出文件的大小，而且它们不必遵从动作脚本的语法或关键字。

10.2.2 ActionScript数据类型

数据类型用于描述变量或动作脚本元素可以存储的数据信息。在Animate中包括两种数据类型，即原始数据类型和引用数据类型。

原始数据类型包括字符串、数字和布尔值，都有一个常数值，因此可以包含它们所代表元素的实际值。引用数据类型是指影片剪辑和对象，值可能发生更改，因此它们包含对该元素实际值的引用。此外，在Animate中还包含两种特殊的数据类型，即空值和未定义。

1 字符串

字符串是由诸如字母、数字和标点符号等字符组成的序列。在ActionScript中，字符串必须在单引号或双引号之间输入，否则将被作为变量进行处理。例如，在下面的语句中，"JXD24"是一个字符串。

```
favoriteBand = "JXD24";
```

可以使用加法(+)运算符连接或合并两个字符串。在连接或合并字符串时，字符串前面或后面的空格将作为该字符串的一部分被连接或合并。在如下代码中，在Animate中执行程序时，自动将"Welcome"和"Beijing"两个字符串连接合并为一个字符串。

```
"Welcome, " + "Beijing";
```

进阶技巧

虽然动作脚本在引用变量、实例名称和帧标签时是不区分大小写的，但文本字符串却要区分大小写。例如，"chian"和"CHIAN"将被认为是两个不同的字符串。如果要在字符串中包含引号，可以在其前面使用反斜杠字符(\)，称为字符转义。

2 数值型

数值类型是很常见的数据类型，它包含的都是数字。所有的数值类型都是双精度浮点类，可以用数学算术运算符来获得或者修改变量，例如加(+)、减(−)、乘(*)、除(/)、递增(++)、递减(--)等对数值型数据进行处理；也可以使用Animate内置的数学函数库，这些函数放置在Math对象里，例如，使用sqrt(平方根)函数，求出90的平方根，然后给number变量赋值。

```
number=Math.sqrt(90);
```

3 布尔值

布尔值是true或false值。动作脚本会在需要时将true转换为1，将false转换为0。布尔值在控制脚本流的动作脚本语句中，经常与逻辑运算符一起使用。例如下面的代码中，如果变量i值为flase，转到第1帧开始播放影片。

```
if (i == flase) {
gotoAndPlay(1);
}
```

4 对象

对象是属性的集合，每个属性都包含名称和值两部分。属性的值可以是Animate中的任何数据类型。可以将对象相互包含或进行嵌套。要指定对象和它们的属性，可以使用点(.)运算符。例如，在下面的代码中，hoursWorked是weeklyStats的属性，而weeklyStats又是employee的属性。

```
employee.weeklyStats.hoursWorked
```

5 影片剪辑

影片剪辑是对象类型中的一种，它是

Flash影片中可以播放动画的元件，是唯一引用图形元素的数据类型。影片剪辑数据类型允许用户使用MovieClip对象的方法对影片剪辑元件进行控制。用户可以通过点(.)运算符调用该方法。

```
mc1.startDrag(true);
```

6 空值与未定义

空值数据类型只有一个值即null，表示没有值，缺少数据，它可以在以下各种情况下使用：

- 表明变量还没有接收到值。
- 表明变量不再包含值。
- 作为函数的返回值，表明函数没有可以返回的值。
- 作为函数的一个参数，表明省略了一个参数。

10.2.3 ActionScrip变量

变量是动作脚本中可以变化的量，在动画播放过程中可以更改变量的值，还可以记录和保存用户的操作信息、记录影片播放时更改的值或评估某个条件是否成立等。

变量中可以存储诸如数值、字符串、布尔值、对象或影片剪辑等任何类型的数据；也可以存储典型的信息类型，如URL、用户姓名、数学运算的结果、事件发生的次数或是否单击了某个按钮等。

1 命名变量

对变量进行命名必须遵循以下规则：

- 必须是标识符，即必须以字母或者下画线开头，例如JXD24、_365games等都是有效变量名。
- 不能和关键字或动作脚本同名，例如true、false、null或undefined等。
- 在变量的范围内必须是唯一的。

2 变量赋值

在Aimate中，当给一个变量赋值时，会同时确定该变量的数据类型。例如，表达式"age=24"，24是age变量的值，因此变量age是数值型数据类型的变量。如果没有给变量赋值，该变量则不属于任何数据类型。

在编写动作脚本的过程中，Animate会自动将一种类型的数据转换为另一种类型。例如：

```
"one minute is"+60+"seconds"
```

其中60属于数值型数据类型，左右两边用运算符号(+)连接的都是字符串数据类型，Animate会把60自动转换为字符，因为运算符号(+)在用于字符串变量时，左右两边的内容都是字符串类型，Animate会自动转换，该脚本在实际执行的值为"one minute is 60 seconds"。

3 变量类型

在Animate中，主要有4种类型的变量：

- 逻辑变量：这种变量用于判定指定的条件是否成立，即true和false。true表示条件成立，false表示条件不成立。
- 数值型变量：用于存储一些特定的数值。
- 字符串变量：用于保存特定的文本内容。
- 对象型变量：用于存储对象类型数据。

4 变量的作用范围

变量的作用范围是指变量能够被识别并且可以引用的范围，在该范围内的变量是已知并可以引用的。动作脚本包括以下3种类型的变量范围：

- 本地变量：只能在变量自身的代码块(由大括号界定)中可用的变量。
- 时间轴变量：可以用于任何时间轴的变量，但必须使用目标路径进行调用。
- 全局变量：可以用于任何时间轴的变

量，并且不需要使用目标路径也可直接调用。

5 变量声明

要声明时间轴变量，可以使用set variable动作或赋值运算符(=)。要声明本地变量，可在函数体内部使用var语句。本地变量的使用范围只限于包含该本地变量的代码块，它会随着代码块的结束而结束。没有在代码块中声明的本地变量会在它的脚本结束时结束，例如：

```
function myColor() {
    var i = 2;
}
```

声明全局变量，可在该变量名前面使用_global标识符。例如：

```
yName= "chiangxiaotung";
```

6 在脚本中使用变量

在脚本中必须先声明变量，然后才能在表达式中使用。如果未声明变量，该变量的值为undefined，并且脚本将会出错，例如下面的代码：

```
getURL(WebSite);
WebSite = "http://www.xdchiang.com.
cn";
```

在上述代码中，声明变量WebSite的语句必须最先出现，这样才能用其值替换getURL动作中的变量。

在一个脚本中，可以多次更改变量的值。变量包含的数据类型将影响任何时候更改的变量。原始数据类型是按值进行传递的。这意味着变量的实际内容会传递给变量。例如，在下面的代码中，x设置为15，该值会复制到y中。当在第3行中将x更改为30时，y的值仍然为15，这是因为y并不依赖x的改变而改变。

```
var x = 15;
var y = x;
var x = 30;
```

10.2.4 ActionScrip常量

常量在程序中是始终保持不变的量，它分为数值型、字符串型和逻辑型。

🔹 数值型常量：由数值表示，例如"setProperty(yen,_alpha,100);"中，100就是数值型常量。

🔹 字符串型常量：由若干字符构成的数值，它必须在常量两端引用标号，但并不是所有包含引用标号的内容都是字符串，因为Animate会根据上下文的内容来判断一个值是字符串还是数值。

🔹 逻辑型常量：又称为布尔型，表明条件成立与否，如果条件成立，在脚本语言中用1或true表示，如果条件不成立，则用0或false表示。

10.2.5 Actionscrip关键字

在ActionScript中保留了一些具有特殊用途的单词便于调用，这些单词称为关键字。ActionScript中常用的关键字主要有以下几种：break、else、Instanceof、typeof、delete、case、for、New、in、var、continue、function、Return、void、this、default、if、Switch、while、with。

在编写脚本时，要注意不能再将它们作为变量、函数或实例名称使用。

10.2.6 ActionScrip函数

在ActionScript中，函数是一个动作脚本的代码块，可以在任何位置重复使用，减少代码量，从而提供工作效率，同时也可以减少手动输入代码时引起的错误。在Animate中可以直接调用已有的内置函数，也可以创建自定义函数，然后进行调用。

1 内置函数

内置函数是一种语言在内部集成的函数，它已经完成了定义的过程。当需要传递参数调用时，可以直接使用。它可用于访问特定的信息以及执行特定的任务。例如，获取播放影片的Flash Player版本号(getVersion())。

2 自定义函数

可以把执行自定义功能的一系列语句定义为一个函数。自定义的函数同样可以返回值、传递参数，也可以任意调用它。

函数跟变量一样，附加在定义它们的影片剪辑的时间轴上。必须使用目标路径才能调用它们。此外，也可以使用_global标识符声明一个全局函数，全局函数可以在所有时间轴中被调用，而且不必使用目标路径。这和变量很相似。

要定义全局函数，可以在函数名称前面加上标识符_global。例如：

```
_global.myFunction = function
(x) {
        return (x*2)+3;
}
```

要定义时间轴函数，可以使用function动作，后接函数名、传递给该函数的参数，以及指示该函数功能的ActionScript语句。例如，以下语句定义了函数areaOfCircle，其参数为radius。

```
function areaOfCircle(radius) {
        return Math.PI * radius *
radius;
}
```

3 向函数传递参数

参数是指某些函数执行其代码时所需要的元素。例如，以下函数使用了参数initials和finalScore。

```
function
fillOutScorecard(initials, finalScore) {
        scorecard.display = initials;
        scorecard.score = finalScore;
}
```

当调用函数时，所需的参数必须传递给函数。函数会使用传递的值替换函数定义中的参数。例如以上代码，scorecard是影片剪辑的实例名称，display和score是影片剪辑中的可输入文本块。以下函数调用会将值"JEB"赋予变量display，并将值45000赋予变量score。

```
fillOutScorecard("JEB",
45000);
```

4 从函数返回值

使用return语句可以从函数中返回值。return语句将停止函数运行并使用return语句的值替换它。在函数中使用return语句时要遵循以下规则：

👉 如果为函数指定除void之外的其他返回类型，则必须在函数中加入一条return语句。

👉 如果指定返回类型为void，则不应加入return语句。

👉 如果不指定返回类型，则可以选择是否加入return语句。如果不加入该语句，将返回一个空字符串。

5 自定义函数的调用

使用目标路径从任意时间轴中调用任意时间轴内的函数。如果函数是使用_global标识符声明的，则无须使用目标路径即可调用它。

要调用自定义函数，可以在目标路

径中输入函数名称，有的自定义函数需要在括号内传递所有必需的参数。例如，以下语句中，在主时间轴上调用影片剪辑MathLib中的函数sqr()，其参数为3，最后把结果存储在变量temp中：

```
var temp =
_root.MathLib.sqr(3);
```

在调用自定义函数时，可以使用绝对路径或相对路径来调用。

10.2.7 ActionScrip运算符

ActionScript中的表达式都是通过运算符连接变量和数值的。运算符是在进行动作脚本编程过程中经常会用到的元素，使用它可以连接、比较、修改已经定义的数值。ActionScript中的运算符分为：数值运算符、赋值运算符、逻辑运算符、等于运算符等。运算符处理的值称为操作数，例如x=100;，"="为运算符，"x"为操作数。

进阶技巧

如果一个表达式中包含有相同优先级的运算符时，动作脚本将按照从左到右的顺序依次进行计算；当表达式中包含有较高优先级的运算符时，动作脚本将按照从左到右的顺序，先计算优先级高的运算符，然后再计算优先级较低的运算符；当表达式中包含括号时，则先对括号中的内容进行计算，然后按照优先顺序依次进行计算。

1 数值运算符

数值运算符可以执行加、减、乘、除及其他算术运算。动作脚本数值运算符如下表所示。

运 算 符	执行的运算
+	加法
*	乘法
/	除法
%	求模（除后的余数）
−	减法
++	递增
− −	递减

2 比较运算符

比较运算符用于比较表达式的值，然后返回一个布尔值(true或false)，这些运算符常用于循环语句和条件语句中。动作脚本中的比较运算符如下表所示。

运 算 符	执行的运算
<	小于
>	大于
<=	小于或等于
>=	大于或等于

3 字符串运算符

加(+)运算符处理字符串时会产生特殊效果，它可以将两个字符串操作数连接起来，使其成为一个字符串。若加(+)运算符连接的操作数中只有一个是字符串，Animate会将另一个操作数也转换为字符串，然后将它们连接为一个字符串。

4 逻辑运算符

逻辑运算符是对布尔值(true和false)进行比较，然后返回另一个布尔值，动作脚本中的逻辑运算符如下表所示，该表按优先级递减的顺序列出了逻辑运算符。

运 算 符	执行的运算
&&	逻辑与
||	逻辑或
!	逻辑非

5 按位运算符

按位运算符会在内部对浮点数值进行处理，并转换为32位整型数值。在执行按位运算符时，动作脚本会分别评估32位整型数值中的每个二进制位，从而计算出新的值。动作脚本中按位运算符如下表所示。

运 算 符	执行的运算
&	按位与
|	按位或
^	按位异或
~	按位非
<<	左移位
>>	右移位
>>>	右移位填零

6 等于运算符

等于(= =)运算符一般用于确定两个操作数的值或标识是否相等，动作脚本中的等于运算符如下表所示。它会返回一个布尔值(true或flase)，若操作数为字符串、数值或布尔值将按照值进行比较；若操作数为对象或数组，按照引用进行比较。

运 算 符	执行的运算
= =	等于
= = =	全等
! =	不等于
! = =	不全等

7 赋值运算符

赋值(=)运算符可以将数值赋给变量，或在一个表达式中同时给多个参数赋值。例如如下代码中，表达式asde=5中会将数值5赋给变量asde；在表达式a=b=c=d中，将a的值分别赋予变量b、c和d。

```
asde = 5;
a = b = c = d;
```

动作脚本中的赋值运算符如下表所示。

运 算 符	执行的运算
=	赋值
+=	相加并赋值
—=	相减并赋值
*=	相乘并赋值
%=	求模并赋值
/=	相除并赋值
<<=	按位左移位并赋值
>>=	按位右移位并赋值
>>>=	右移位填零并赋值
^=	按位异或并赋值
|=	按位或并赋值
&=	按位与并赋值

8 点和数组访问运算符

使用点运算符(.)和数组访问运算符([ ])可以访问内置或自定义的动作脚本对象属性，包括影片剪辑的属性。点运算符的左侧是对象的名称，右侧是属性或变量的名称。例如：

```
mc.height = 24;
mc. = "ball";
```

10.3 输入代码

由于Animate CC仅支持ActionScript 3.0环境，按钮或影片剪辑不可以被直接添加代码，只能将代码输入在时间轴上，或者将代码输入在外部类文件中。

10.3.1 代码的编写流程

在开始编写ActionScript之前，首先要明确动画所要达到的目的，然后根据动画设计的目的，决定使用哪些动作。在设计动作脚本时始终要把握好动作脚本的时机和动作脚本的位置。

1 脚本程序的时机

脚本程序的时机就是指某个脚本程序在何时执行。Animate CC中主要的脚本程序的时机如下。

🔵 图层中的某个关键帧(包括空白关键帧)处。当动画播放到该关键帧时，执行该帧的脚本程序。

🔵 对象(例如，按钮、图形以及影片剪辑等)上的时机。例如按钮对象在按下的时候，执行该按钮上对应的脚本程序，对象上的时机也可以通过【行为】面板来设置。

🔵 自定义时机。主要指设计者通过脚本程序来控制其他脚本程序执行的时间。例如，用户设计一个计时函数和播放某影片剪辑的程序，当计时函数计时到达时刻时，就自动执行播放某影片剪辑的程序。

2 脚本程序的位置

脚本程序的位置是指脚本程序代码放置的位置。设计者要根据具体动画的需要，选择恰当的位置放置脚本程序。Animate CC中主要放置脚本程序的位置如下。

🔵 图层中的某个关键帧上。即打开该帧对应的【动作】面板时，脚本程序即放置在面板的代码中。

🔵 场景中的某个对象。即脚本程序放置在对象对应的【动作】面板中。

🔵 外部文件。在Animate CC中，动作脚本程序可以作为外部文件存储(文件后缀为.as)，这样的脚本代码便于统一管理，而且可以提高动作脚本代码的重复利用性。如果需要外部的代码文件，可以直接将AS文件导入到文件中即可。

10.3.2 绝对路径和相对路径

使用 ActionScript，可以在运行时控制时间轴。使用 ActionScript，可以在 FLA 文件中创建交互和其他功能。

许多脚本动作都会影响影片剪辑、按钮和其他元件实例。在代码中，可以引用时间轴上的元件实例，方法是插入目标路径，即希望设为目标的实例地址。可以设置绝对或相对目标路径。绝对路径包含实例的完整地址。相对路径仅包含与脚本在FLA 文件中的地址不同的部分地址，如果脚本移动到另一位置，则地址将会失效。

1 绝对路径

绝对路径以文档加载到其中的层名开始，直至显示列表中的目标实例。也可以使用别名 _root 来指示当前层的最顶层时间轴。例如，影片剪辑 california 中引用影片剪辑 oregon 的动作可以使用绝对路径 _root.westCoast.oregon。

在 Flash Player 中打开的第一个文档被加载到第0层。用户必须给加载的所有其他文档分配层号。在ActionScript 中使用绝对引用来引用一个加载的文档时，可以使用_levelX 的形式，其中 X 是文档加载到的层号。例如，在Flash Player 中打开的第一个文档叫作_level0；加载到第 3 层的文档叫作_level3。

要在不同层的文档之间进行通信，必须在目标路径中使用层名。下面的例子显示 portland 实例如何定位名为georgia 的影片剪辑上的 atlanta 实例(georgia 与 oregon 位于同一层)：

> _level5.georgia.atlanta

用户可以使用 _root 别名表示当前层的主时间轴。对于主时间轴，当 _root 别名被同在 _level0 上的影片剪辑作为目标时，则代表 _level0。 对于加载到 _level5 的文档，如果被同在第 5 层上的影片剪辑作为目标，则 _root 等于 _level5。例如，如果影片剪辑 southcarolina 和 florida 都加载到同一层，从实例southcarolina 调用的动作就可以使用以下绝对路径来指向目标实例 florida：

```
_root.eastCoast.florida
```

2 相对路径

相对路径取决于控制时间轴和目标时间轴之间的关系。相对路径只能确定 Flash Player 中它们所在层上的目标的位置。例如，在 _level0 上的某个动作以 _level5 上的时间轴为目标时，不能使用相对路径。

在相对路径中，使用关键字 this 指示当前层中的当前时间轴；使用 _parent 别名指示当前时间轴的父时间轴。用户可以重复使用 _parent 别名，在 Flash Player 同一层内的影片剪辑层次结构中逐层上升。例如，_parent._parent 控制影片剪辑在层次结构中上升两层。Flash Player 中任何一层的最顶层时间轴是唯一具有未定义 _parent 值的时间轴。

实例 charleston(较 southcarolina 低一层)时间轴上的动作，可以使用以下目标路径将实例southcarolina 作为目标：

```
_parent
```

若要从charleston 中的动作指向实例 eastCoast(上一层)，可以使用以下相对路径：

```
_parent._parent
```

若要从 charleston 的时间轴上的动作指向实例 atlanta，可以使用以下相对路径：

```
_parent._parent.georgia.atlanta
```

相对路径在重复使用脚本时非常有用。例如，可以将以下脚本附加到某个影片剪辑，使其父级放大 150%：

```
onClipEvent (load) { _parent._xscale
= 150; _parent._yscale = 150;

}
```

用户可以通过将此脚本附加到任意影片剪辑实例来重复使用该脚本。

无论使用绝对路径还是相对路径，都要用后面跟着表明变量或属性名称的点 (.)来标识时间轴中的变量或对象的属性。例如，以下语句将实例 form 中的变量 name 设置为值 "Gilbert"：

```
_root.form.name = "Gilbert";
```

使用 ActionScript 可以将消息从一个时间轴发送到另一个时间轴。包含动作的时间轴称作控制时间轴，而接收动作的时间轴称作目标时间轴。例如，一个时间轴的最后一帧上可以有一个动作，指示开始播放另一个时间轴。

要指向目标时间轴，必须使用目标路径，指明影片剪辑在显示列表中的位置。

下面的例子显示了 westCoast 文档在第 0 层上的层次结构，它包含3个影片剪辑：california、oregon 和washington。每个影片剪辑又各包含两个影片剪辑。

```
_level0
    westCoast
        california
            sanfrancisco
            bakersfield
    oregon
        portland
        ashland
    washington
        olympia
        ellensburg
```

与在 Web 服务器上一样，Animate 中的每个时间轴都可以用两种方式确定其位置：绝对路径或相对路径。实例的绝对路径是始终以层名开始的完整路径，与哪个时间轴调用动作无关；例如，实例 california 的绝对路径是 _level0.westCoast.california。相对路径则随调用位置的不同而不同；例如，从 sanfrancisco 到california 的相对路径是 _parent，但从 portland 出发的相对路径则是_parent._parent.california。

3　指定目标路径

要控制影片剪辑、加载的 SWF 文件或按钮，必须指定目标路径。用户可以手动指定，也可以使用"插入目标路径"对话框指定，还可以通过创建结果为目标路径的表达式指定。要指定影片剪辑或按钮的目标路径，必须为影片剪辑或按钮分配一个实例名称。加载的文档不需要实例名称，因为其层号即可作为实例名称(例如_level5)。

用户可以使用插入目标路径对话框来指定目标路径。

01 选择想为其分配动作的影片剪辑、帧或按钮实例。

02 在【动作】面板中，转到左边的工具箱选择需要指定目标路径的动作或方法。

03 单击脚本中想插入目标路径的参数框或位置。

04 单击【脚本】窗格上面的【插入实例路径和名称】按钮 ⊕。

05 打开【插入目标路径】对话框，对于目标路径模式，选中【绝对】或【相对】单选按钮。在显示列表中选择一个影片剪辑，再单击【确定】按钮

10.3.3　添加代码

代码可以输入在时间轴上，也可以输入在外部类文件中。

1　在帧上添加代码

在Animate CC中，可以在时间轴上的任何一帧中添加代码，包括主时间轴和影片剪辑的时间轴中的任何帧。输入时间轴的代码，将在播放头进入该帧时被执行。

在时间轴上选中要添加代码的关键帧，右击，选择【动作】命令，或者选择【窗口】|【动作】命令，也可以直接按F9快捷键，即可打开【动作】面板，在动作面板的【脚本编辑】窗口中输入代码。

【例10-1】 在帧上添加代码，创建动态显示音乐进度条的动画效果。

视频+素材 (光盘素材\第10章\例10-1)

01 启动Animate CC 2017，打开一个名为"音乐播放器"的文件，在【时间轴】面板上单击【新建图层】按钮，新建一个【音乐进度条】图层。

02 打开【库】面板，将【音乐进度条】影片剪辑元件拖进合适的舞台位置上。

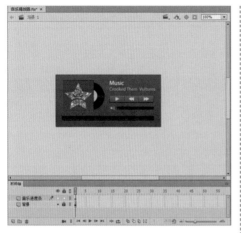

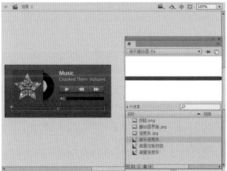

03 选中该元件实例，打开其【属性】面板，将其【实例名称】改为"bfjdt_mc"。

04 新建图层，将其命名为【遮罩层】图层。

05 选择【矩形工具】，将【笔触颜色】设置为无，【填充颜色】设置为白色。

06 在舞台中绘制一个白色矩形，将【bfjdt_mc】元件实例遮盖住。

07 在【时间轴】面板上右击【遮罩层】图层，在弹出的快捷菜单中选择【遮罩层】命令，形成遮罩层。

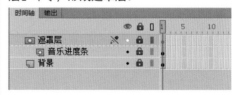

08 新建图层，将其命名为【AS】图层。

09 选中【AS】图层的第1帧，按F9键打开【动作】面板，输入以下脚本代码：

```
// 申明变量
var _sound:Sound=new Sound();
var _channel:SoundChannel=new SoundChannel();
var loaded:int;
var total:int;
var _length:int;
var position:int;
var percentBuffered:Number;
var percentPlayed:Number;
// 载入 MP3 并播放
// 电脑上的 MP3 音乐文件名，把该文件与 MP3 音乐放在一个文件夹内。
var url:String=" 播放器音乐 .mp3";
var _request:URLRequest = new URLRequest(url);
_sound.load(_request);
_channel=_sound.play();
bfjdt_mc.visible=false;
// 添加不断更新监听事件
addEventListener(Event.ENTER_FRAME,yx1);
function yx1(event:Event):void {
 loaded=_sound.bytesLoaded;
 total=_sound.bytesTotal;
 _length=_sound.length;
 position=_channel.position;
 percentBuffered=loaded / total;
//jzjdt_mc.scaleX= percentBuffered;
    // 因播放的是本地 MP3，故不需要加载进度显示。
 _length/=percentBuffered;
 percentPlayed=position / _length;
```

```
 bfjdt_mc.scaleX=percentPlayed;
 bfjdt_mc.visible=true;
 }
```

10 将其另存为【动态显示进度条】文档，按Ctrl+Enter组合键测试影片，播放歌曲时显示进度条。

动态显示进度条.swf

2 添加外部单独代码

在需要组建较大的应用程序或者包括重要的代码时，可以创建单独的外部AS类文件并在其中组织代码。

要创建外部AS文件，首先选择【文件】|【新建】命令，打开【新建文档】对话框，在该对话框中选中【ActionScript文件】选项，然后单击【确定】按钮。

与【动作】面板相类似，可以在创建的AS文件的【脚本】窗口中书写代码，完成后将其保存即可。

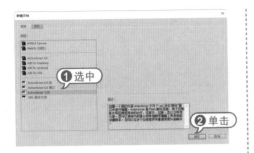

10.4 ActionScript常用语句

ActionScript语句就是动作或者命令，动作可以相互独立地运行，也可以在一个动作内使用另一个动作，从而达到嵌套效果，使动作之间可以相互影响。条件判断语句及循环控制语句是制作动画时较常用到的两种语句。

10.4.1 条件判断语句

条件语句用于决定在特定情况下才执行命令，或者针对不同的条件执行具体操作。在制作交互性动画时，使用条件语句，只有当符合设置的条件时，才会执行相应的动画操作。在Animate CC中，条件语句主要有if…else语句、if…else…if和switch…case 3种句型。

1 if…else语句

if…else 条件语句用于测试一个条件，如果条件存在，则执行一个代码块，否则执行替代代码块。例如，下面的代码测试x的值是否超过100，如果是，则生成一个trace()函数，否则生成另一个trace()函数。

```
if (x > 100)
{
trace("x is > 100");
}
else
{
trace("x is <= 100");
}
```

2 if…else…if语句

以使用if…else…if条件语句来测试多个条件。例如，下面的代码不仅测试x的值是否超过100，而且还测试x的值是否为负数。

```
if (x > 100)
{
trace("x is >100");
}
else if (x < 0)
{
trace("x is negative");
}
```

如果if或else语句后面只有一条语句，则无须用大括号括起后面的语句。例如，下面的代码不使用大括号。

```
if (x > 0)
trace("x is positive");
else if (x < 0)
trace("x is negative");
else
trace("x is 0" );
```

但是在实际编写代码的过程中，用户最好始终使用大括号，因为以后在缺少大括号的条件语句中添加语句时，可能会出现误操作。

3 switch…case控制语句

如果多个执行路径依赖于同一个条件表达式，则switch语句非常有用。它的功能大致相当于一系列if…else…if语句，但是它更易于阅读。switch语句不是对条件进行测试以获得布尔值，而是对表达式进行求值并使用计算结果来确定要执行的代码块。代码块以case语句开头，以break语句结尾。

例如，在下面的代码中，如果number参数的计算结果为1，则执行case1后面的trace()动作；如果number参数的计算结果为2，则执行case2后面的trace()动作，依此类推；如果case表达式与number参数都不匹配，则执行default关键字后面的trace()动作。

```
switch (number) {
 case 1:
  trace ("case 1 tested true");
  break;
 case 2:
  trace ("case 2 tested true");
  break;
 case 3:
  trace ("case 3 tested true");
  break;
 default:
  trace ("no case tested true")
}
```

在上面的代码中，几乎每一个case语句中都有break语句，它能使流程跳出分支结构，继续执行switch结构下面的一条语句。

10.4.2 循环控制语句

循环类动作主要控制一个动作重复的次数，或是在特定的条件成立时重复动作。在Animate中可以使用while、do…while、for、for…in 和for each…in语句创建循环。

1 for语句

for语句用于循环访问某个变量以获得特定范围的值。在 for 语句中必须提供以下3个表达式：

🔹 一个设置了初始值的变量。

🔹 一个用于确定循环何时结束的条件语句。

🔹 一个在每次循环中都更改变量值的表达式。

例如，下面的代码循环 5 次。变量i的值从 0 开始到 4 结束，输出结果是从 0 到 4 的 5个数字，每个数字各占 1 行。

```
var i:int;
for (i = 0; i < 5; i++)
{
trace(i);
```

2 for…in语句

for…in语句用于循环访问对象属性或数组元素。例如，可以使用for…in语句来循环访问通用对象的属性：

```
var myObj:Object = {x:20, y:30};
for (var i:String in myObj)
{
trace(i + ": " + myObj[i]);
}
// 输出:
// x: 20
// y: 30
```

for语句示例生成的输出结果相同：

```
var i:int = 0;
while (i < 5)
{
trace(i);
i++;
}
```

使用for…in语句来循环访问通用对象的属性时，是不按任何特定的顺序来保存对象的属性的，因此属性可能以随机的顺序出现。

使用while语句的一个缺点是，编写的while循环中更容易出现无限循环。如果省略了用来递增计数器变量的表达式，则for语句示例代码将无法编译，而while语句示例代码仍然能够编译。

3 for each…in语句

for each…in语句用于循环访问集合中的项目，它可以是XML或XMLList对象中的标签、对象属性保存的值或数组元素。如下面所摘录的代码所示，可以使用for each…in语句来循环访问通用对象的属性，但是与for…in语句不同的是，for each…in语句中的迭代变量包含属性所保存的值，而不包含属性的名称。

```
var myObj:Object = {x:20, y:30};
for each (var num in myObj)
{
trace(num);
}
// 输出：
// 20
// 30
```

5 do…while语句

do…while语句是一种特殊的while语句，它保证至少执行一次代码块，这是因为在执行代码块后才会检查条件。下面的代码显示了do…while0语句的一个简单示例，即使条件不满足，该示例也会生成输出结果：

```
var i:int = 5;
do
{
trace(i);
i++;
} while (i < 5);
// 输出：5
```

4 while语句

while语句与if语句相似，只要条件为true，就会反复执行。例如，下面的代码与

10.5 处理对象

Animate CC中访问的每一个目标都可以称之为"对象"，例如舞台中的元件实例等。每个对象都可能包含3个特征，分别是属性、方法和事件，而且用户还可以进行创建对象实例的操作。

10.5.1 属性

属性是对象的基本特性，如影片剪辑元件的位置、大小、透明度等。它表示某

个对象中绑定在一起的若干数据块的一个数据。例如：

```
myExp.x=100
```

// 将名为 myExp 的影片剪辑元件移动到 x 坐标为 100 像素的地方

myExp.rotation=Scp.rotation;

// 使用 rotation 属性旋转名为 myExp 的影片剪辑元件以便与 Scp 影片剪辑元件的旋转相匹配

myExp.scaleY=5

// 更改 Exp 影片剪辑元件的水平缩放比例，使其宽度为原始宽度的 5 倍

通过以上语句可以发现，要访问对象的属性，可以使用"对象名称(变量名)+句点+属性名"的形式书写代码。

10.5.2 方法

方法是指可以由对象执行的操作。如果在Animate中使用时间轴上的几个关键帧和基本动画制作了一个影片剪辑元件，则可以播放或停止该影片剪辑，或者指示它将播放头移动到特定的帧。例如：

myClip.play();

// 指示名为 myClip 的影片剪辑元件开始播放

myClip.stop();

// 指示名为 myClip 的影片剪辑元件停止播放

myClip.gotoAndstop(15);

// 指示名为 myClip 的影片剪辑元件将其播放头移动到第 15 帧，然后停止播放

myClip.gotoAndPlay(5);

// 指示名为 myClip 的影片剪辑元件跳到第 5 帧开始播放

通过以上的语句可以总结如下规则：

以"对象名称(变量名)+句点+方法名"可以访问方法，这与属性类似。

小括号中指示对象执行的动作，可以将值或者变量放在小括号中，这些值被称为方法的"参数"。

10.5.3 事件

事件用于确定执行哪些指令以及何时执行的机制。事实上，事件就是指所发生的、ActionScript能够识别并可响应的事情。许多事件与用户交互动作有关，如用户单击按钮或按下键盘上的键等操作。

1 基本事件处理

无论编写怎样的事件处理代码，都会包括事件源、响应和事件3个元素，其具体含义如下所示：

事件源：是指发生事件的对象，也被称为"事件目标"。

响应：是指当事件发生时，用户执行的操作。

事件：指将要发生的事情，有时一个对象可以触发多个事件。

2 基本语法结构

在编写事件代码时，应遵循以下基本结构：

```
function
eventResponse(eventObject:EventType):void
{
    // 此处是为响应事件而执行的动作。
}
eventSource.addEventListener(
EventType.EVENT_NAME,
eventResponse);
```

此代码执行两个操作。首先，定义一个函数eventResponse，这是指定为响应事件而要执行的动作的方法。接下来，调用源对象的 addEventListener() 方法，实际上就是为指定事件"订阅"该函数，以便当该事件发生时，执行该函数的动作。而eventObject是函数的参数，EventType

则是该参数的类型。

10.5.4 创建对象实例

在ActionScript中使用对象之前，必须确保该对象的存在。创建对象的一个步骤就是声明变量，但仅声明变量，只表示在电脑内创建了一个空位置，所以需要为变量赋一个实际的值，这样的整个过程就成为对象的"实例化"。

知识点滴

除了在ActionScript中声明变量时赋值之外，用户也可以在【属性】面板中为对象指定对象实例名。

除了Number、String、Boolean、XML、Array、RegExp、Object和Function数据类型以外，要创建一个对象实例，都应将new运算符与类名一起使用。例如：

```
Var myday:Date=new
Date(2008,7,20);
    // 以该方法创建实例时，在类
名后加上小括号，有时还可以指定参
数值
```

知识点滴

如果要使用ActionScript创建无可视化表示形式的数据类型的一个实例，则只能通过使用new运算符直接创建对象来实现。

【例10-2】新建一个AS文档，在外部AS文件和文档中添加代码，创建下雪效果。

视频+素材 (光盘素材\第10章\例10-2)

01 启动Animate CC 2017，新建一个文档，选择【修改】|【文档】命令，打开【文档设置】对话框，设置文档背景颜色为黑色，文档大小为600×400像素。

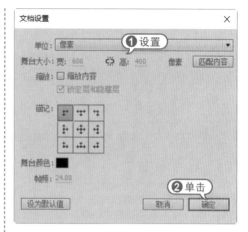

02 选择【插入】|【新建元件】命令，打开【创建新元件】对话框，创建一个名为【snow】的影片剪辑元件。

03 在【snow】元件编辑模式里，选择【椭圆工具】，按住Shift键，绘制一个正圆图形。删除正圆图形笔触，选择【颜料桶】工具，设置填充色为放射性渐变色，填充图形，并调整其大小。

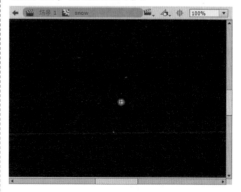

04 返回【场景1】窗口，选择【文件】|【新建】命令，打开【新建文档】对话框，

选择【ActionScript文件】选项，然后单击【确定】按钮。

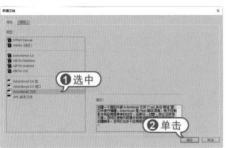

05 这时系统会自动打开一个【脚本-1】窗口，在代码编辑区域输入以下代码：

```
package
{
import flash.display.*;
import flash.events.*;
public class SnowFlake extends MovieClip
{
var radians = 0;//radians
var speed = 0;
var radius = 5;
var stageHeight;
public function SnowFlake (h:Number)
{
speed =.01+.5*Math.random();
radius =.1+2*Math.random();
stageHeight = h;
this.addEventListener (Event.ENTER_FRAME,Snowing);
// 这个 this 是库中的 SnowFlake 影片剪辑
}
function Snowing (e:Event):void
{
radians += speed;
this.x += Math.round(Math.cos(radians));
this.y += 2;
if (this.y > stageHeight)
```

```
{
this.y = -20;
}
}
}
}
```

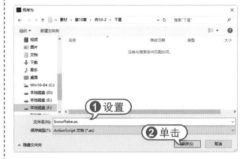

06 选择【文件】|【另存为】命令，保存ActionScript文件名称为"SnowFlake"，将文件保存到【下雪】文件夹中。

07 返回场景，右击【图层1】图层第1帧，在弹出的快捷菜单中选择【动作】命令，打开【动作】面板，输入以下代码：

```
import SnowFlake;
function DisplaySnow ()
{
for (var i:int=0; i<30; i++){
// 最多产生 30 个雪花
var _SnowFlake:SnowFlake = new SnowFlake(300);
```

```
this.addChild (_SnowFlake);
_SnowFlake.x =Math.random()*600;
_SnowFlake.y =Math.random()*400;
// 在 600×400 范围内随机产生雪花
_SnowFlake.alpha = .2+Math.
random()*5;
// 设置雪花随机透明度
var scale:Number = .3+Math.
random()*2;
// 设置雪花随机大小
_SnowFlake.scaleX =_SnowFlake.scaleY
=scale;
// 按随机比例放大雪花。
}
}
DisplaySnow();
```

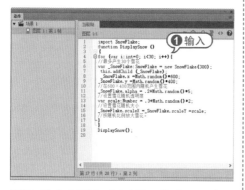

08 新建【图层2】图层，将该图层移至【图层1】图层下方，导入【背景】位图到舞台中，调整图像至合适大小。

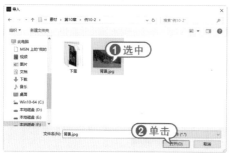

09 选择【文件】|【保存】命令，打开【另存为】对话框，保存文件名称为"Snow"，将文件与【SnowFlake.as】文件保存在同一个文件夹【下雪】中。

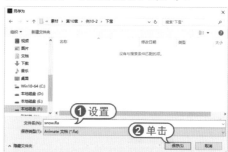

10 按Ctrl+Enter组合键，测试下雪的动画效果。

10.6 使用类和数组

ActionScript 3.0中的类有许多种。使用数组可以把相关的数据聚集在一起，对其进行组织和处理。

10.6.1 使用类

类是对象的抽象表现形式，用来储存有关对象可保存的数据类型及对象可表现的行为的信息。使用类可以更好地控制对象的创建方式以及对象之间的交互方式。一个类包括类名和类体，类体又包括类的属性和类的方法。

1 定义类

在ActionScript 3.0中，可以使用class关键字定义类，其后跟类名，类体要放在大括号 "{}" 内，且放在类名后面。例如：

```
public class className {

// 类体

}
```

2 类的属性

在ActionScript 3.0中，可以使用以下4个属性来修改类定义。

- dynamic：用于运行时向实例添加属性。
- final：不能由其他类扩展。
- internal：对当前包内的引用可见。
- 公共：对所有位置的引用可见。

例如，如果定义类时未包含dynamic属性，则不能在运行时向类实例中添加属性，通过向类定义的开始处放置属性，可显式地分配属性。

```
dynamic class Shape {}
```

3 类体

类体放在大括号内，用于定义类的变量、常量和方法。例如声明Adobe Flash Play API中的Accessibility类。

```
public final class

Accessibility{

Public static function get

active ():Boolean;

public static function

updateproperties():void;

}
```

ActionScript 3.0不仅允许在类体中包括定义，还允许包括语句。如果语句在类体中但在方法定义之外，这些语句只在第一次遇到类定义并且创建了相关的类对象时执行一次。

【例10-3】新建一个文档，结合外部辅助类和文档主类，制作蒲公英飘动效果。
🎬 视频+素材 (光盘素材\第10章\例10-3)

------

01 启动Animate CC 2017，新建一个文档，选择【修改】|【文档】命令，打开【文档设置】对话框，设置文档背景颜色为黑色，文档大小为550×400像素。

02 选择【插入】|【新建元件】命令，打开【创建新元件】对话框，创建一个名为【影片剪辑】的影片剪辑元件。

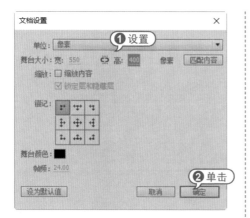

03 打开【影片剪辑】元件编辑模式，选择【文件】|【导入】|【导入到舞台】命令，导入蒲公英图像到舞台中。

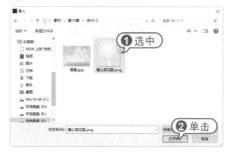

04 使用【任意变形】工具，设置蒲公英图像的大小和位置，然后选择【修改】|【转换为元件】命令，将其转换为图形元件。

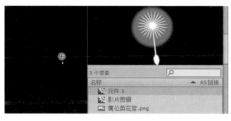

05 分别在第2、25、50、75和100帧处插入关键帧，选中第25帧处的图形，选择【窗口】|【变形】命令，打开【变形】面板，设置旋转度数为330°。

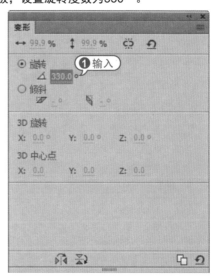

06 选中第75帧处的图形，在【变形】面板中设置旋转度数为30°。

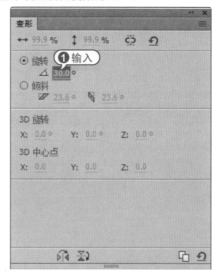

07 在2~24帧、25~49帧、50~74帧和75~100帧之间各自创建传统补间动画。新

213

建【图层2】图层，重命名为【控制】图层，在第1帧、第2帧和第100帧处插入空白关键帧。

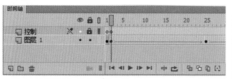

08 右击【控制】图层第100帧，在弹出的快捷菜单中选择【动作】命令，打开【动作】面板，输入代码：

```
gotoAndPlay(2);
```

09 返回场景，选择【文件】|【新建】命令，打开【新建文档】对话框，选择【ActionScript文件】选项，单击【确定】按钮。

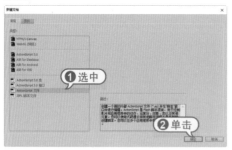

10 在新建的ActionScrpit文件【脚本】窗口中输入以下代码：

```
package {
    import flash.display.Sprite;
    import flash.display.MovieClip;
    import flash.events.Event;
    public class fluff extends MovieClip {
        var sizeModifier:Number = Math.random()*0.8+0.4;
        var xSpeed:Number = Math.random()*(-1)-1;// 随机生成 X 轴速度
        var ySpeed:Number = Math.random()*(-1)-1;// 随机生成 Y 轴速度
        var g:Number = -0.1;// 重力
        //var w:Number = -0.1;// 风速
        public function fluff() {
            init();
        }
        private function init() {

            this.gotoAndPlay(Math.floor(Math.random()*100)+1);
            this.scaleX = this.scaleY = 0.8 * sizeModifier;// 随机缩放大小
            this.addEventListener(Event.ENTER_FRAME, onEnterFrame);// 加入刷新侦听

        }
        private function onEnterFrame(e:Event) {
            this.x += xSpeed;
            this.y += ySpeed;
            if (this.y<-32 || this.x<-32)
            {
                this.visible=false;

            }

        }
    }
}
```

11 选择【文件】|【保存】命令，将ActionScript文件以"fluff"为文件名，保存在【蒲公英飘动】文件夹中。

12 返回文档，右击【库】面板中的【影片剪辑】元件，在弹出的快捷菜单中选择【属性】命令，打开【元件属性】对话框，单击【高级】按钮，展开对话框，在【类】文本框中输入"fluff"，单击【确定】按钮。

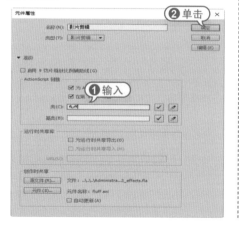

13 选择【文件】|【新建】命令，新建一个ActionScript文件。在【脚本】窗口中输入以下代码：

```
package {
    import flash.display.MovieClip;
    import flash.display.Sprite;
    import flash.events.MouseEvent;

    /**
     * ...
     * @author ...
     */
    public class main extends Sprite {
        public function main() {


            stage.addEventListener(MouseEvent.CLICK, onClick);
        }
        private function onClick(e:MouseEvent) {
            var rnd = Math.floor(Math.random()*1)+1;
            for (var i:uint=0; i<rnd; i++) {// 随机生成 RND 个蒲公英
                var flu:fluff = new fluff();
                addChild(flu);
                flu.x=mouseX;
// 出现在鼠标处
                flu.y=mouseY;
            }
        }
    }
}
```

14 选择【文件】|【保存】命令，将ActionScript文件以"main"为文件名，保存在【蒲公英飘动】文件夹中。

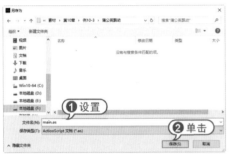

15 返回文档，打开其【属性】面板，在【类】文本框中输入连接的外部AS文件名称"main"。

16 导入位图图像至舞台中，设置大小为"550×400像素"，x和y轴坐标位置为"0，0"。

17 将文档以【蒲公英】为文件名，保存在【蒲公英飘动】文件夹中。

18 按下Ctrl+Enter组合键，测试动画效果。每次单击鼠标，即可产生一个随机大小的飘动的蒲公英花絮。

10.6.2 使用数组

在ActionScript 3.0中，使用数组可以把相关的数据聚集在一起，对其进行组织处理。数组可以存储多种类型的数据，并为每个数据提供一个唯一的索引标识。

1 创建数组

在ActionScript 3.0中，可以使用Array类构造函数或使用数组文本初始化数组来创建数组。

例如通过调用不带参数的构造函数可以得到一个空数组，如下所示：

```
var myArray:Array = new
Array ();
```

2 遍历数组

如果要访问存储在数组中的所有元素，可以使用for语句循环遍历数组。

在for语句中，大括号内使用循环索引变量以访问数组的相应元素；循环索引变量的范围应该是0~数组长度减1，例如：

```
var myArray:Array = new
Array (···values);
For(var i:int = 0; I < myArray.
Length;I ++) {
Trace(myArray[i]);
}
```

其中，i索引变量从0开始递增，当等于数组的长度时停止循环，即i赋值为数组最后一个元素的索引时停止。然后在for语句的循环数组，通过myArray[i]的形式访问每一个元素。

3 操作数组

用户可以对创建好的数组进行操作，比如添加元素和删除元素等。

使用Array类的unshift()、push()、splice()方法可以将元素添加到数组中。使用Array类的shift()、pop()、splice()方法可以从数组中删除元素。

🌑 使用unshift()方法将一个或多个元素添加到数组的开头，并返回数组的新长度。此时数组中的其他元素从其原始位置向后移动一位。

🌑 使用push()方法可以将一个或多个元素追加到数组的末尾，并返回该数组的新长度。

🌑 使用splice()方法可以在数组中的指定索引处插入任意数量的元素。splice()方法还可以删除数组中任意数量的元素，其执行的起始位置是由传递到该方法的第一个参数指定的。

🌑 使用shift()方法可以删除数组的第一个元素，并返回该元素。其余的元素将从其原始位置向前移动一个索引位置，即为始终删除索引0处的元素。

🌑 使用pop()方法可以删除数组中最后一个元素，并返回该元素的值，即为删除位于最大索引处的元素。

10.7 进阶实战

本章的进阶实战部分为制作按钮切换图片效果这个综合实例操作，用户通过练习从而巩固本章所学知识。

【例10-4】制作按钮切换图片的动画效果。

视频+素材 (光盘素材\第10章\例10-4)

01 启动Animate CC 2017，打开一个素材文档。

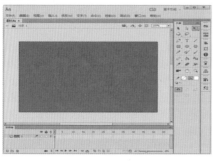

02 打开【库】面板，将【r1.jpg】图片文件拖入舞台，并使图片对齐舞台。

03 在第2帧处插入空白关键帧，在【库】面板中将【r2.jpg】图片文件拖入舞台，并使图片对齐舞台。

04 使用相同的方法，在第3、4帧插入空白关键帧，拖入r3、r4图片并对齐舞台。

05 新建【图层2】，选择【矩形工具】，打开其【属性】面板，设置【笔触颜色】为白色，【填充颜色】为无，【笔触】为10，【结合】为【尖角】。

06 在舞台上绘制与舞台大小相仿的矩形。

07 新建【图层3】，按Ctrl+F8键打开【创建新元件】对话框，设置【名称】为【按钮1】，【类型】为【按钮】，单击【确定】按钮。

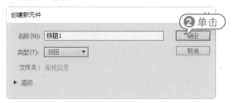

08 打开【库】面板，将【02】元件拖入到舞台中，并对齐舞台中心。

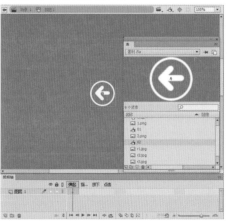

09 选择该元件实例，打开其【属性】面板，打开【色彩效果】选项组，在【样式】下拉列表中选择【Alpha】选项，拖动下面的滑块，设置Alpha值为30%。

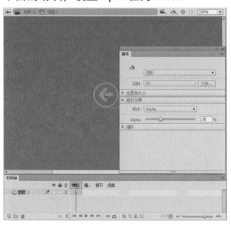

10 在【图层1】的【指针经过】帧处插入关键帧，在舞台上选中元件，打开【属性】面板，设置【样式】为无。

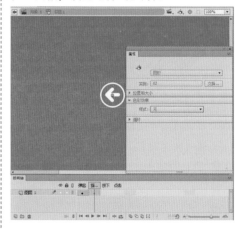

11 返回场景，使用相同的方法，新建【按钮2】按钮元件，将【库】面板的【01】元件拖入舞台，在不同帧处设置属性。

12 返回场景，将【库】面板中的两个按钮元件拖入舞台，并调整元件的位置和大小。

13 选中舞台左侧的按钮元件，打开【属性】面板，在【实例名称】中输入"btn1"；选中舞台右侧的按钮元件，打开【属性】面板，在【实例名称】中输入"btn"。

14 新建【图层4】，选中第1帧，按F9键，打开【动作】面板，输入代码。

15 按Ctrl+Enter组合键，测试单击按钮切换图片的动画效果。

10.8 疑点解答

◆┤问：在编写ActionScript程序时，如何查找其中的错误？

答：在【动作】面板中输入ActionScript脚本代码时，选择【调试】|【调试影片】|【在Animate中】命令，将弹出Flash Player播放器，并显示【编译器错误】面板，显示错误报告。

第11章

Animate组件操作

　　组件是一种带有参数的影片剪辑，它可以帮助用户在不编写ActionScript的情况下，方便而快速地在动画文档中添加所需的界面元素。本章将详细介绍Animate CC各组件调用操作的方法与技巧。

对应光盘视频

例11-1 使用按钮组件
例11-2 复选框和单选按钮组件
例11-3 视频组件
例11-4 注册界面

11.1 组件的基础知识

组件是带有参数的影片剪辑，每个组件都有一组独特的动作脚本方法，用户可以使用组件在Animate CC中快速构建应用程序。组件的范围不仅仅限于软件提供的自带组件，还可以下载其他开发人员创建的组件，甚至自定义组件。

11.1.1 组件的类型

Animate CC中的组件都显示在【组件】面板中，选择【窗口】|【组件】命令，打开【组件】面板。在该面板中可以查看和调用系统中的组件。Animate CC中包括【UI】(User Interface)组件和【Video】组件两类。

【UI】组件主要用来构建界面，实现简单的用户交互功能。打开【组件】面板后，单击【User Interface】下拉按钮，即可弹出所有【UI】组件。

【Video】组件主要用来插入多媒体视频，以及多媒体控制的控件。打开【组件】面板后，单击【Video】下拉按钮，即可弹出所有【Video】组件。

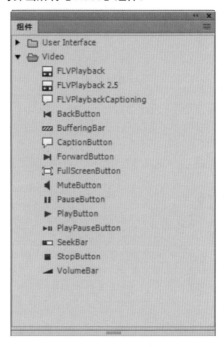

11.1.2 组件的操作

在Animate CC中，组件的基本操作主要包括添加和删除组件、调整组件外观等。

1 添加和删除组件

要添加组件，用户可以直接双击【组件】面板中要添加的组件，将其添加到舞台中央，也可以将其选中后拖到舞台中。

如果需要在舞台中创建多个相同的组件实例，还可以将组件拖到【库】面板中以便于反复使用。

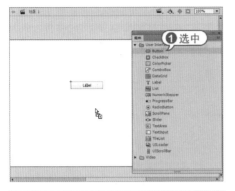

如果要在动画影片中删除已经添加的组件实例，可以直接选中舞台上的实例，按下BackSpace键或者Delete键将其删除；如果要从【库】面板中将组件彻底删除，可以在【库】面板中选中要删除的组件，然后单击【库】面板底部的【删除】按钮，或者直接将其拖动到【删除】按钮上。或者右击组件，选择【删除】命令。

2 调整组件外观

拖动到舞台中的组件被系统默认为组件实例，并且都是默认大小的。用户可以通过【属性】面板中的设置来调整组件大小

用户可以使用【任意变形工具】调整组件的宽和高属性来调整组件大小，该组件内容的布局保持不变，但该操作会导致组件在影片回放时发生扭曲现象。

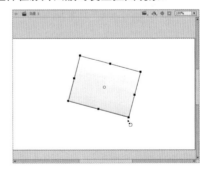

223

由于拖动到舞台中的组件系统默认为组件实例，关于实例的其他设置，同样可以应用于组件实例当中，例如调整色调、透明度等。

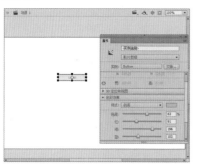

滤镜功能也可以使用在组件上，如下图所示为添加了渐变发光滤镜的组件。

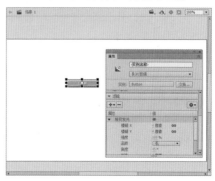

11.2 使用【UI】组件

在Animate CC的组件类型中，【UI】(User Interface)组件用于设置用户界面，并实现大部分的交互式操作，因此在制作交互式动画方面，【UI】组件应用最广，也是最常用的组件类别之一。下面分别对几个较为常用的【UI】组件进行介绍。

11.2.1 使用按钮组件

按钮组件【Button】是一个可使用自定义图标来定义其大小的按钮，它可以执行鼠标和键盘的交互事件，也可以将按钮的行为从按下改为切换。

在【组件】面板中选择按钮组件【Button】，拖动到舞台中即可创建一个按钮组件的实例。

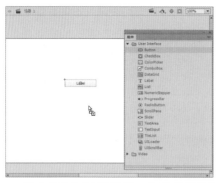

选中按钮组件实例后，在其【属性】

面板中会显示【组件参数】选项组，用户可以在此修改其参数。

在按钮组件的【组件参数】选项组中有很多复选框，只要选中复选框即可代表该项的值为【true】，取消选中则为【false】，该面板中主要参数设置如下。

【enabled】：用于指示组件是否可以接受焦点和输入，默认值为选中。

【label】：用于设置按钮上的标签名称，默认值为【label】。

【labelPlacement】：用于确定按钮上的标签文本相对于图标的方向。

【selected】：如果【toggle】参数的值为【true】，则该参数指定按钮是处于按下状态【true】，或者是释放状态【false】。

【toggle】：用于将按钮转变为切换开关。如果值是【true】，按钮在单击后将保持按下状态，再次单击时则返回弹起状态。如果值是【false】，则按钮行为与一般按钮相同。

【visible】：用于指示对象是否可见，默认值为【true】。

【例11-1】使用按钮组件【Button】创建一个可交互的应用程序。

📀 视频+素材 (光盘素材\第11章\例11-1)

01 启动Animate CC 2017，选择【文件】|【新建】命令，新建一个文档。

02 选择【窗口】|【组件】命令，打开【组件】面板，将按钮组件【Button】拖到舞台中创建一个实例。

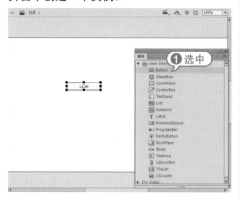

03 在该实例的【属性】面板中，输入实例名称为"aButton"，然后打开【组件参数】选项组，为【label】参数输入文字"开始"。

04 从【组件】面板中拖动拾色器组件【ColorPicker】到舞台中，然后在其【属性】面板上将该实例命名为"aCp"。

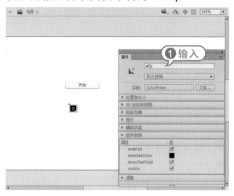

05 在时间轴上选中第1帧，然后打开【动作】面板，输入以下代码：

```
aCp.visible = false;
aButton.addEventListener(MouseEvent.
CLICK, clickHandler);
function clickHandler(event:MouseEve
nt):void {
switch(event.currentTarget.label) {
case " 开始 ":
```

```
aCp.visible = true;
aButton.label = " 黑 ";
break;
case " 黑 ":
aCp.enabled = false;
aButton.label = " 白 ";
break;
case " 白 ":
aCp.enabled = true;
aButton.label = " 返回 ";
break;
case " 返回 ":
aCp.visible = false;
aButton.label = " 开始 ";
break;
}
}
```

06 选择【文件】|【保存】命令，在【另存为】对话框中以"按钮组件"为名保存。

07 按下Ctrl+Enter组合键，预览影片效

果。单击【开始】按钮，将会出现【黑】按钮，还会出现"黑色"拾色器。单击【黑】按钮，出现【白】按钮，还会出现"白色"拾色器。单击【白】按钮，出现【返回】按钮。单击【返回】按钮，将会返回到【开始】按钮。

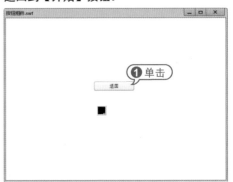

11.2.2 使用复选框组件

复选框是一个可以选中或取消选中的方框，它是表单或应用程序中常用的控件之一，当需要收集一组非互相排斥的选项时都可以使用复选框。

在【组件】面板中选择复选框组件【CheckBox】，将其拖到舞台中，即可创建一个复选框组件的实例。

选中复选框组件实例后，在其【属性】面板中会显示【组件参数】选项组，用户可以在此修改其参数，在该选项组中各选项的具体作用如下。

【enabled】：用于指示组件是否可以接受焦点和输入，默认值为【true】。

【label】：用于设置复选框的名称，默认值为【label】。

【labelPlacement】：用于设置名称相对于复选框的位置，默认情况下位于复选框的右侧。

【selected】：用于设置复选框的初始值为【true】或者【false】。

【visible】：用于指示对象是否可见，默认值为【true】。

11.2.3 使用单选按钮组件

单选按钮组件【RadioButton】允许在互相排斥的选项之间进行选择，可以利用该组件创建多个不同的组，从而创建一系列的选择组。

在【组件】面板中选择下拉列表组件【RadioButton】，将其拖到舞台中，即可创建一个单选按钮组件的实例。

选中单选按钮组件实例后，在其【属性】面板中会显示【组件参数】选项组，用户可以在此修改其参数。

在该选项组中各选项的具体作用如下。

【groupName】：可以指定当前单选按钮所属的单选按钮组，该参数相同的单选按钮为一组，且在一个单选按钮组中只能选择一个单选按钮。

【label】：用于设置RadioButton的文本内容，其默认值为【label】。

【labelPlacement】：可以确定单选按钮旁边标签文本的方向，默认值为【right】。

【selected】：用于确定单选按钮的初始状态是否被选中，默认值为【false】。

【例11-2】使用复选框和单选按钮组件创建一个可交互的应用程序。
视频+素材(光盘素材\第11章\例11-2)
◄------------------------------------

01 启动Animate CC 2017，选择【文件】|【新建】命令，新建一个文档。

02 选择【窗口】|【组件】命令，将复选框组件【CheckBox】拖到舞台中创建一个实例。

03 在该实例的【属性】面板中，输入实例名称为"homeCh"，然后打开【组件参数】选项组，为【label】参数输入文字"复选框"。

04 从【组件】面板中拖动两个单选按钮组件【RadioButton】至舞台中，并将它们置于复选框组件的下方。

05 选中舞台中的第1个单选按钮组件，打开【属性】面板，输入实例名称"单选按钮1"，然后为【label】参数输入文字"男"，为【groupName】参数输入"valueGrp"。

06 选中舞台中的第2个单选按钮组件，打开【属性】面板，输入实例名称"单选按钮2"，然后为【label】参数输入文字"女"，为【groupName】参数输入"valueGrp"。

07 在时间轴上选中第1帧，然后打开【动作】面板，输入以下代码：

```
homeCh.addEventListener(MouseEvent.
CLICK, clickHandler);
单选按钮 1.enabled = false;
单选按钮 2.enabled = false;
function clickHandler(event:MouseEve
nt):void {
单 选 按 钮 1.enabled = event.target.
selected;
单 选 按 钮 2.enabled = event.target.
selected;
}
```

08 按下Ctrl+Enter组合键测试影片效果。只有选中复选框后，单选按钮才处于可选状态。

11.2.4 使用下拉列表组件

下拉列表组件【ComboBox】由3个子组件构成：【BaseButton】、【TextInput】和【List】组件，它允许用户从打开的下拉列表框中选择一个选项。

下拉列表框组件【ComboBox】可以是静态的，也可以是可编辑的，可编辑的下拉列表组件允许在列表顶端的文本框中直接输入文本。

在【组件】面板中选择下拉列表组件【ComboBox】，将它拖动到舞台中后，即可创建一个下拉列表框组件的实例。

选中下拉列表组件实例后，在其【属性】面板中会显示【组件参数】选项组，用户可以在此修改其参数。

在该选项组中各选项的具体作用如下。

● 【editable】：用于确定【ComboBox】组件是否允许被编辑，默认值为【false】不可编辑。

● 【enabled】：用于指示组件是否可以接受焦点和输入。

【rowCount】：用于设置下拉列表中最多可以显示的项数，默认值为【5】。

【restrict】：可在组合框的文本字段中输入字符集。

【visible】：用于指示对象是否可见，默认值为【true】。

如果要使用下拉列表组件【ComboBox】创建一个应用程序，用户可以参考下面的步骤。

01 选择【窗口】|【组件】命令，打开【组件】面板，将下拉列表组件【ComboBox】拖到舞台中创建一个实例。

02 在该实例的【属性】面板中，输入实例名称为"aCb"，然后打开【组件参数】选项组，选中【editable】复选框。

03 在时间轴上选中第1帧，然后打开【动作】面板，输入以下代码：

```
import fl.data.DataProvider;
import fl.events.ComponentEvent;
var items:Array = [
{label:" 选项 1"},
{label:" 选项 2"},
{label:" 选项 3"},
{label:" 选项 4"},
{label:" 选项 5"},
];
aCb.dataProvider = new
DataProvider(items);
aCb.addEventListener(ComponentEvent.
ENTER, onAddItem);
function onAddItem(event:Component
Event):void {
var newRow:int = 0;
if (event.target.text == "Add") {
newRow = event.target.length + 1;
event.target.addItemAt({label:" 选 项 "
+ n.ewRow},
event.target.length);
}
}
```

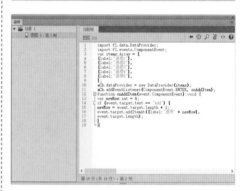

04 按下Ctrl+Enter组合键预览应用程序，用户可在下拉列表中选择选项，也可以直接在文本框中输入文字。

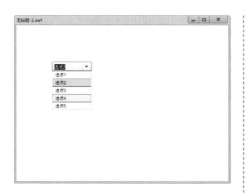

11.2.5 使用文本区域组件

文本区域组件【TextArea】用于创建多行文本字段，例如，可以在表单中使用【TextArea】组件创建一个静态的注释文本，或者创建一个支持文本输入的文本框。

知识点滴

通过设置HtmlText属性可以使用HTML格式来设置TextArea组件，同时可以用星号遮蔽文本的形式创建密码字段。

在【组件】面板中选择文本区域组件【TextArea】，将它拖动到舞台中，即可创建一个文本区域组件的实例。

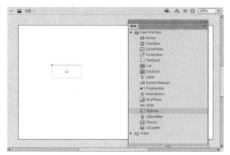

选中文本区域组件实例后，在其【属性】面板中会显示【组件参数】选项组，用户可以在此修改其参数。

【组件参数】选项组中的主要参数的具体作用如下。

【editable】：用于确定【TextArea】组件是否允许被编辑，默认值为【true】可编辑。

【text】：用于指示【TextArea】组件的内容。

【wordWrap】：用于指示文本是否可以自动换行，默认值为【true】可自动换行。

【htmlText】：用于指示文本采用HTML格式，可以使用字体标签来设置文本格式。

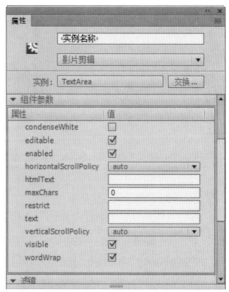

如果要使用文本区域组件【TextArea】创建一个应用程序，用户可以参考下面的步骤。

01 选择【窗口】|【组件】命令，打开【组件】面板，拖动两个文本区域组件【TextArea】到舞台中。

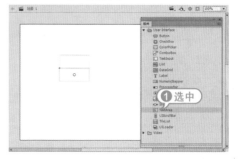

02 选中上方的【TextArea】组件，在其【属性】面板中，输入实例名称"aTa"；选中下方的【TextArea】组件，输入实例名称为"bTa"。

03 在时间轴上选中第1帧，然后打开【动作】面板，输入以下代码：

```
import flash.events.FocusEvent;
aTa.restrict = "0-9";
bTa.restrict = "a-z";
aTa.addEventListener(Event.
CHANGE,changeHandler);
aTa.addEventListener(FocusEvent.KEY_
FOCUS_CHANGE, k_m_fHandler);
aTa.addEventListener(FocusEvent.
MOUSE_FOCUS_CHANGE, k_m_
fHandler);
function changeHandler(ch_
evt:Event):void {
bTa.text = aTa.text;
}
function k_m_fHandler(kmf_
event:FocusEvent):void {
kmf_event.preventDefault();
}
```

04 按下Ctrl+Enter组合键，预览应用程序，并在文本框内输入数字和字母进行测试。

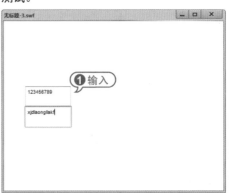

11.2.6 使用进程栏组件

使用进程栏组件【ProgressBar】可以方便快速地创建动画预载画面，即通常在打开动画时见到的Loading界面。配合标签组件【Label】，还可以将加载进度显示为百分比。

在【组件】面板中选择进程栏组件【ProgressBar】，将其拖到舞台中后，即可创建一个进程栏组件的实例。

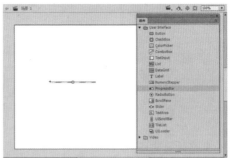

选中进程栏组件实例后，在其【属性】面板中会显示【组件参数】选项组，用户可以在此修改其参数。

其【组件参数】选项组中的主要参数的作用如下。

◆【direction】：用于指示进度蓝的填充方向。默认值为【right】向右。

【mode】：用于设置进度栏运行的模式。这里的值可以是【event】、【polled】或【manual】，默认为【event】。

【source】：它是一个要转换为对象的字符串，表示源的实例名称。

【text】：用于输入进度条的名称。

如果要使用进程栏组件【ProgressBar】创建一个应用程序，用户可以参考下面的步骤。

01 选择【窗口】|【组件】命令，打开【组件】面板，拖动进程栏组件【ProgressBar】到舞台中。

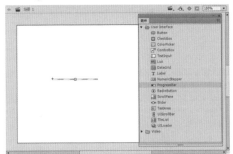

02 选中【ProgressBar】组件，打开【属性】面板，在【实例名称】文本框中输入实例名称为"jd"。

03 在【组件】面板中拖动一个【Label】组件到舞台中【ProgressBar】组件的左上方。

04 在其【属性】面板输入实例名称为"bfb"。在【组件参数】选项组中将【text】参数的值清空。

05 在时间轴上选中第1帧，打开【动作】面板，输入以下代码：

```
import fl.controls.ProgressBarMode;
import flash.events.ProgressEvent;
import flash.media.Sound;
var aSound:Sound = new Sound();
```

```
var url:String
="http://zhangmenshiting2.baidu.com/
data2/music/5819466/5819466.mp3?xc
ode=ed684b5d808ee9fc145034a7b2171
21b&mid=0.43724898119457";
var request:URLRequest = new
URLRequest(url);
jd.mode = ProgressBarMode.POLLED;
jd.source = aSound;
aSound.addEventListener(ProgressEvent.
PROGRESS, loadListener);
aSound.load(request);
function loadListener(event:ProgressEv
ent) {
var percentLoaded:int = event.target.
bytesLoaded /
event.target.bytesTotal * 100;
bfb.text = "加载进度" +
percentLoaded + "%";
trace("加载进度" + percentLoaded +
"%");
}
```

06 按下Ctrl+Enter组合键测试动画效果。

11.2.7 使用滚动窗格组件

如果需要在动画文档中创建一个能显示大量内容的区域，但又不能为此占用过大的舞台空间，就可以使用滚动窗格组件【ScrollPane】。在【ScrollPane】组件中可以添加有垂直或水平滚动条的窗口，用户可以将影片剪辑、JPEG、PNG、GIF或者SWF文件导入该窗口中。

在【组件】面板中选择滚动窗格组件【ScrollPane】，将其拖到舞台中，即可创建一个滚动窗格组件的实例。

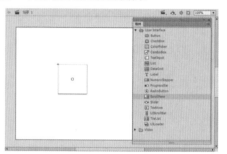

选中舞台中的滚动窗格组件实例后，其【属性】面板如下图所示。

其【组件参数】选项组中的主要参数的作用如下。

【horizontalLineScrollSize】：用于指示每次单击箭头按钮时水平滚动条移动的像素值，默认值为5。

【horizontalPageScrollSize】：用于指示每次单击轨道时水平滚动条移动的像素值，默认值为20。

【horizontalScrollPolicy】：用于设置水平滚动条是否显示。

【scrollDrag】：一个布尔值，用于确定当用户在滚动窗格中拖动内容时是否发生滚动。

【verticalLineScrollsize】：用于指示每次单击箭头按钮时垂直滚动条移动的像素值，默认值为5。

【verticalPageScrollSize】：用于指示每次单击轨道时垂直滚动条移动的单位数，默认值为20。

如果要使用滚动窗格组件【ScrollPane】创建一个应用程序，用户可以参考下面的步骤。

01 选择【窗口】|【组件】命令，打开【组件】面板，拖动滚动窗格组件【ScrollPane】到舞台中。

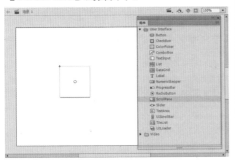

02 选中【ScrollPane】组件，打开【属性】面板，在【实例名称】文本框中输入实例名称为"aSp"。

03 在时间轴上选中第1帧，然后打开【动作】面板，输入以下代码：

```
import fl.events.ScrollEvent;
aSp.setSize(300, 200);
function scrollListener(event:ScrollEve
nt):void {
    trace("horizontalScPosition: " +
aSp.horizontalScrollPosition +
    ", verticalScrollPosition = " + aSp.
verticalScrollPosition);
}
aSp.addEventListener(ScrollEvent.
SCROLL, scrollListener);
function completeListener(event:Event
):void {
    trace(event.target.source + " has
completed loading.");
}
aSp.addEventListener(Event.
COMPLETE, completeListener);
aSp.source = "http://www.
helpexamples.com/flash/images/
image1.jpg";
```

04 按下Ctrl+Enter组合键预览效果，窗口中的图像能够根据用户的鼠标或键盘动作改变显示位置。另外，在打开的【输出】对话框中将会自动反映用户的动作。

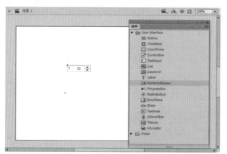

11.2.8 使用数字微调组件

数字微调组件【NumericStepper】允许用户逐个通过一组经过排序的数字。该组件由显示上、下三角按钮旁边的文本框中的数字组成。用户按下按钮时，数字将根据参数中指定的单位递增或递减，直到用户释放按钮或达到最大或最小值为止。

在【组件】面板中选择数字微调组件【NumericStepper】，将其拖到舞台中，即可创建一个数字微调组件的实例。

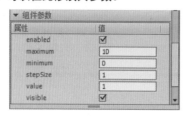

选中数字微调组件实例后，在其【属性】面板中会显示【组件参数】选项组，用户可以在此修改其参数。

其【组件参数】选项组中的主要参数的作用如下。

【maximum】：用于设置可在步进器中显示的最大值，默认值为10。

【minimum】：用于设置可在步进器中显示的最小值，默认值为0。

【stepSize】：用于设置每次单击时步进器中增大或减小的单位，默认值为1。

【value】：用于设置在步进器的文本区域中显示的值，默认值为0。

11.2.9 使用文本标签组件

文本标签组件【Label】是一行文本。用户可以指定一个标签的格式，也可以控制标签的对齐和大小。

在【组件】面板中选择文本标签组件【Label】，将其拖到舞台中，即可创建一个文本标签组件的实例。

选中文本标签组件实例后，在其【属性】面板中会显示【组件参数】选项组，用户可以在此修改其参数。

其【组件参数】选项组中的主要参数的作用如下。

【autoSize】：用于指示如何调整标签的大小并对齐标签以适合文本，默认值为none。

【html】：用于指示标签是否采用HTML格式，如果选中此复选框，则不能使用样式来设置标签的格式，但可以使用font标记将文本格式设置为HTML。

【text】：用于指示标签的文本，默认值是Label。

11.2.10 使用列表框组件

列表框组件【List】和下拉列表框很相似，区别在于下拉列表框一开始就显示一行，而列表框则显示多行。

在【组件】面板中选择列表框组件【List】，将其拖到舞台中，即可创建一个列表框组件的实例。

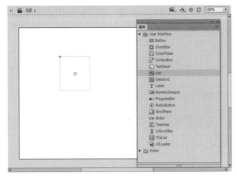

选中列表框组件实例后，在其【属性】面板中会显示【组件参数】选项组，用户可以在此修改其参数。

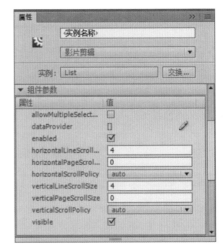

其【组件参数】选项组中的主要参数的作用如下。

【horizontalLineScrollSize】：用于指示每次单击箭头按钮时水平滚动条移动的像素值，默认值为4。

【horizontalPageScrollSize】：用于指示每次单击轨道时水平滚动条移动的像素值，默认值为0。

【horizontalScrollPolicy】：用于设置水平滚动条是否显示。

【verticalLineScrollsize】：用于指示每次单击箭头按钮时垂直滚动条移动的像素值，默认值为4。

【verticalPageScrollSize】：用于指示每次单击轨道时垂直滚动条移动的单位数，默认值为0。

11.3 使用视频类组件

【组件】面板中还包含了【Video】组件，即视频类组件。该组件主要用于控制导入到Animate CC中的视频。

Animate CC的视频组件主要包括使用视频播放器组件【FLVplayback】和一系列用于视频控制的按键组件。通过该组件，可以将视频播放器包含在应用程序中，以便播放通过HTTP渐进式下载的视频(FLV)文件。

将【Video】组件下的【FLVplayback】组件拖入到舞台中，即可使用该组件。

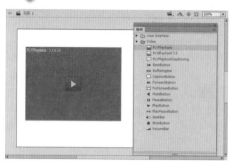

选中舞台中的视频组件实例后，在其【属性】面板中会显示【组件参数】选项组，用户可以在此修改其参数。

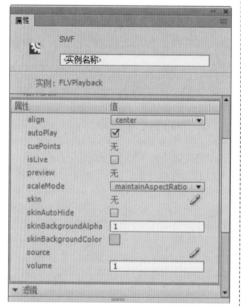

该【组件参数】选项组中主要参数的作用如下。

【autoplay】：是一个用于确定FLV文件播放方式的布尔值。如果是【true】，则该组件将在加载FLV文件后立即播放；如果是【false】，则该组件会在加载第1帧后暂停。

【cuePoints】：是一个描述FLV文件的提示点的字符串。

【isLive】：是一个布尔值，用于指定FLV文件的实时加载流。

【skin】：该参数用于打开【选择外观】对话框，用户可以在该对话框中选择组件的外观。

【skinAutoHide】：是一个布尔值，用于设置外观是否可以隐藏。

【volume】：用于表示相对于最大音量的百分比的值，范围是0～100。

【例11-3】使用【FLVplayback】组件创建一个播放器。

视频+素材(光盘素材\第11章\例11-3)

01 启动Animate CC 2017，选择【文件】|【新建】命令，新建一个文档。

02 选择【窗口】|【组件】命令，打开【组件】面板，在【Video】组件列表中拖动【FLVplayback】组件到舞台中央。

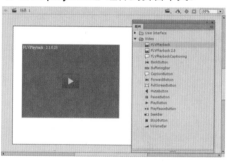

03 选中舞台中的组件，打开【属性】面板，单击【skin】选项右侧的 按钮，打开【选择外观】对话框。

属性	值
align	center
autoPlay	☑
cuePoints	无
isLive	☐
preview	无
scaleMode	maintainAspectRatio
skin	无
skinAutoHide	☐
skinBackgroundAlpha	1 ①单击
skinBackgroundColor	
source	
volume	1

▼ 滤镜

04 在该对话框中打开【外观】下拉列表框，选择所需的播放器外观；单击【颜色】按钮，选择所需的控制条颜色，然后单击【确定】按钮。

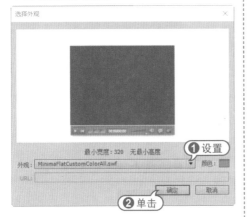

05 返回【属性】面板，单击【source】选项右侧的 ✏ 按钮。

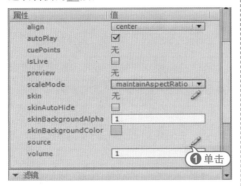

06 打开【内容路径】对话框，单击其中的 📁 按钮。

07 打开【浏览源文件】对话框，选择视频文件，单击【打开】按钮。

08 返回【内容路径】对话框，选中【匹配源尺寸】复选框，然后单击【确定】按钮，即可将视频文件导入组件。

09 使用【任意变形工具】可以调整播放器的大小和位置。

10 按Ctrl+Enter组合键预览动画的效果。

11.4 进阶实战

本章的进阶实战部分为制作注册界面这个综合实例操作，用户通过练习从而巩固本章所学知识。

【例11-4】使用组件制作注册用户界面。

视频+素材 (光盘素材\第11章\例11-4)

---

01 启动Animate CC 2017，选择【文件】|【新建】命令，新建一个文档。

02 在舞台上使用【文本工具】输入有关注册信息的文本内容。

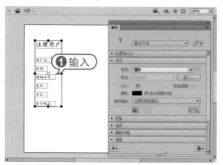

03 选择【窗口】|【组件】命令，打开【组件】面板，拖动【TextArea】组件到舞台中，选择【任意变形工具】，调整组件至合适大小。

04 使用相同的方法，分别拖动【RadioButton】、【ComboBox】、【CheckBox】和【TextArea】组件到舞台中，然后在舞台中调整组件至合适大小。

05 选中文本内容【性别：】右侧的第1个【RadioButton】组件，打开其【属性】面板，选中【selected】复选框，设置【label】参数为【男】。

06 使用相同的方法，设置另一个【RadioButton】组件的【label】参数为【女】。

07 选中【ComboBox】组件，打开其【属性】面板，在【实例名称】文本框中输入实例名称"hyzk"。在【组件参数】选项组中设置【rowCount】参数为"2"。

08 右击第1帧，在弹出的快捷菜单中选择【动作】命令，打开【动作】面板，输入以下代码：

```
import fl.data.DataProvider;
import fl.events.ComponentEvent;
var items:Array = [
{label:" 未婚 "},
{label:" 已婚 "},
];
hyzk.dataProvider = new DataProvider
(items);
hyzk.addEventListener(ComponentEvent.
ENTER, onAddItem);
function onAddItem(event:Component
Event):void {
var newRow:int = 0;
if (event.target.text == "Add") {
newRow = event.target.length + 1;
event.target.addItemAt({label:" 选 项 "
+ newRow},
event.target.length);
}
}
```

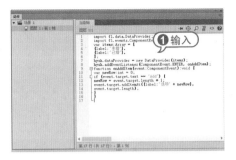

09 分别选中文本内容【爱好：】右侧的【CheckBox】组件，设置【label】参数分别为【旅游】、【运动】、【阅读】和【唱歌】。

10 此时完成组件的制作，选择【文件】|【保存】命令，打开【另存为】对话框，将其命名为"注册界面"加以保存。

入名称，在【性别】单选按钮中选择选项，在【婚姻状况】下拉列表中选择选项，在【爱好】复选框中选择选项，在【专长】和【电子邮箱】文本框内输入文本内容。

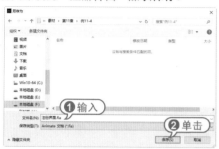

11 按下Ctrl+Enter组合键，测试动画效果。用户可以在【用户名】后的文本框内输

11.5 疑点解答

● 问：如何更改组件的外观？

答：双击舞台中的组件实例，进入该实例的编辑模式，可以设置其颜色和外形大小。

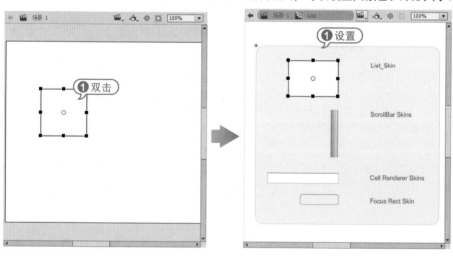

第12章

动画影片的导出和发布

　　制作完动画影片后，可以将影片导出或发布。在发布影片之前，可以根据使用场合的需要，对影片进行适当的优化处理。还可以设置多种发布格式，以保证制作影片与其他的应用程序兼容。本章主要介绍测试、优化、导出、发布影片的操作内容。

对应光盘视频

例12-1 设置HTML发布格式
例12-2 导出为 GIF格式
例12-3 导出为 JPEG格式
例12-4 导出影片和图像

12.1 测试影片

测试影片可以确保影片播放的流畅，使用Animate CC 2017提供的一些优化影片和排除动作脚本故障的功能，可以对动画进行测试。

12.1.1 测试影片的技巧

Animate CC的集成环境中提供了测试影片环境，用户可以在该环境进行一些比较简单的测试工作。

测试影片主要注意以下几点。

● 测试影片与测试场景实际上是产生swf文件，并将它放置在与编辑文件相同的目录下。如果测试文件运行正常，且希望将它用作最终文件，那么可将它保存在硬盘中，并加载到服务器上。

● 测试环境，可以选择【控制】|【测试影片】或【控制】|【测试场景】命令进行场景测试，虽然是在Flash环境中，但界面已经改变，因为是在测试环境而非编辑环境。

● 在测试动画期间，应当完整地观看作品并对场景中所有的互动元素进行测试，查看动画有无遗漏、错误或不合理。

在编辑Animate文档时，用户可以测试影片的以下内容。

● 测试按钮效果：选择【控制】|【启用简单按钮】命令，可以测试按钮动画在弹起、指针经过、按下以及单击等状态下的外观。

● 测试添加到时间轴上的动画或声音：选择【控制】|【播放】命令，或者在时间轴面板上单击【播放】按钮，即可在编辑状态下查看时间轴上的动画效果或声音效果。

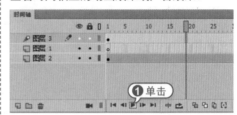

● 测试屏蔽动画声音：如果只想看动画效果不想听声音，可以选择【控制】|【静音】命令，然后再选择【控制】|【播放】命令测试动画效果。

● 循环播放动画：如果想多看几次动画效果，可以选择【控制】|【循环播放】命令，然后再选择【控制】|【播放】命令测试动画效果。

● 播放所有场景：如果影片包含了多个场景，在测试时可以先选择【控制】|【播放所有场景】命令，然后再选择【控制】|【播放】命令测试动画效果。此时Animate将按场景顺序播放所有场景。

12.1.2 测试影片和场景

Animate CC自定义了测试影片和场景的选项，默认情况下完成测试会产生SWF文件，此文件会自动存放在当前编辑文件相同的目录中。

1 测试影片

要测试整个动画影片，可以选择【控制】|【调试】命令，或者按Ctrl+Enter组合键进入调试窗口，进行动画测试。Animate CC将自动导出当前动画，弹出新窗口播放动画。

多场景动画.swf

2 测试场景

要测试当前场景，可以选择【控制】|
【测试场景】命令，Animate CC会自动导
出当前动画的当前场景，用户在打开的新
窗口中进行动画测试。

多场景动画_场景1.swf

完成对当前影片或场景的测试后，系
统会自动在当前编辑文件所在文件目录中
生成测试文件(SWF格式)。比如对【多场
景动画】文件进行了影片和【场景1】的测
试，则会在【多场景动画.fla】文件所在的
文件夹中，增添有【多场景动画.swf】影片
测试文件和【多场景动画_场景1.swf】场景
测试文件。

如果Animate CC文档中包含有
ActionScript语言，则要选择【调试】|【调
试影片】|【在Animate中】命令，进入调
试窗口测试，否则会弹出对话框提示用户
无法进行调试。

12.2 优化影片

优化影片主要是为了缩短影片下载和回放时间，影片的下载和回放时间与影片文
件的大小成正比。

12.2.1 优化文档元素

在发布影片时，Animate CC会自动对
影片进行优化处理。在导出影片之前，可
以在总体上优化影片，还可以优化元素、
文本以及颜色等。

1 优化影片整体

对于整个影片文档，用户可以对其进
行整体优化，主要有以下几种方式。

💡 对于重复使用的元素，应尽量使用元
件、动画或者其他对象。

在制作动画时，应尽量使用补间动画形式。

对于动画序列，最好使用影片剪辑而不是图形元件。

限制每个关键帧中的改变区域，在尽可能小的区域中执行动作。

避免使用动画位图元素，或使用位图图像作为背景或静态元素。

尽可能使用MP3这种占用空间小的声音格式。

2 优化元素和线条

优化元素和线条的方法有以下几种。

尽量将元素组合在一起。

对于随动画过程改变的元素和不随动画过程改变的元素，可以使用不同的图层分开。

使用【优化】命令，减少线条中分隔线段的数量。

尽可能少地使用诸如虚线、点状线、锯齿状线之类的特殊线条。

尽量使用【铅笔工具】绘制线条。

3 优化文本和字体

优化文本和字体的方法有以下几种。

尽可能使用同一种字体和字形，减少嵌入字体的使用。

对于【嵌入字体】选项只选中需要的字符，不要包括所有字体。

4 优化颜色

优化颜色的方法有以下几种。

使用【颜色】面板，匹配影片的颜色调色板与浏览器专用的调色板。

减少渐变色的使用。

减少Alpha透明度的使用。

5 优化动作脚本

优化动作脚本的方法有以下几种。

在【发布设置】对话框的【Flash】选项卡中，选中【省略trace语句】复选

框。这样在发布影片时就不使用【trace】动作。

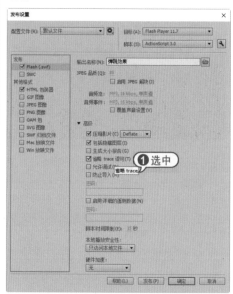

定义经常重复使用的代码为函数。

尽量使用本地变量。

12.2.2 优化动画性能

在制作动画的过程中，有些因素会影响动画的性能，根据实际条件，对这些因素进行最佳选择来优化动画性能。

1 使用位图缓存

在以下情况下使用位图缓存，可以优化动画性能。

在滚动文本字段中显示大量文本时，将文本字段放置在滚动框设置为可滚动的影片剪辑中，能够加快指定实例的像素滚动。

包含矢量数据的复杂背景图像时，可以将内容存储在硬盘剪辑中，然后将【opaqueBackground】属性设置为【true】，背景将呈现为位图，可以迅速重新绘制，更快地播放动画。

2 适当使用滤镜

在文档中使用太多滤镜，会占用大量内存，从而影响动画性能。如果出现内存不足的错误，会出现以下情况。

- 忽略滤镜数组。
- 使用常规矢量渲染器绘制影片剪辑。
- 影片剪辑不缓存任何位图。

3 使用运行时共享库

用户可以使用运行时共享库来缩短下载时间，对于较大的应用程序使用相同的组件或元件时，这些库通常是必需的。库将放在用户电脑的缓存中，所有后续SWF文件将使用该库，对于较大的应用程序，这一过程可以缩短下载时间。

12.3 发布影片的设置

一般制作的动画为FLA格式，在默认情况下，使用【发布】命令可创建SWF文件以及将动画影片插入浏览器窗口所需的HTML文档。Animate CC还提供了多种其他发布格式，用户可以根据需要选择发布格式并设置发布。

12.3.1 【发布设置】对话框

在发布Animate文档之前，首先需要确定发布的格式并设置该格式的发布参数才可进行发布。在发布Animate文档时，最好先为要发布的Animate文档创建一个文件夹，将要发布的Animate文档保存在该文件夹中，然后选择【文件】|【发布设置】命令，打开【发布设置】对话框。

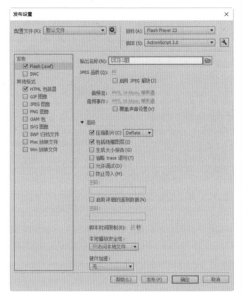

该对话框提供了多种发布格式，当选择了某种发布格式后，若该格式包含参数设置，则会显示相应的格式选项卡，用于设置其发布格式的参数。

默认情况下，在发布影片时会使用文档原有的名称，如果需要命名新的名称，可在【输出文件】文本框中输入新的文件名。不同格式文件的扩展名不同，在自定义文件名时注意不要修改扩展名。

完成基本的发布设置后，单击【确定】按钮，可保存设置但不进行发布。选择【文件】|【发布】命令，或按Shift+F12

组合键，或直接单击【发布】按钮，Animate CC会将动画文件发布到源文件所在的文件夹中。如果在更改文件名时设定了存储路径，Animate CC会将文件发布到该路径所指向的文件夹中。

帮助(L)	发布(P)	确定	取消

12.3.2 设置Flash发布格式

Flash动画格式是Animate CC输出动画的默认形式。在输出动画时，选中【Flash】复选框出现其选项卡，单击【Flash】选项卡里的【高级】按钮，可以设定SWF动画的高级选项参数。

▼ 高级
- ☑ 压缩影片(C) Deflate ▼
- ☑ 包括隐藏图层(I)
- ☐ 生成大小报告(G)
- ☐ 省略 trace 语句(T)
- ☐ 允许调试(D)
- ☐ 防止导入(M)

密码：

- ☐ 启用详细的遥测数据(N)

密码：

脚本时间限制(E): 15 秒

本地播放安全性：
只访问本地文件 ▼

硬件加速：
无 ▼

【Flash】选项卡中的主要参数选项具体作用如下。

💬 【目标】下拉列表框：可以选择所输出的Flash 动画的版本，范围从Flash player10.3～23以及AIR系列。因为Flash动画的播放是靠插件支持的，如果用户系统中没有安装高版本的插件，那么使用高版本输出的Flash 动画在此系统中不能被

正确地播放。如果使用低版本输出，那么Flash 动画所有的新增功能将无法正确地运行。所以，除非有必要，否则一般不提倡使用低的版本输出Flash 动画。

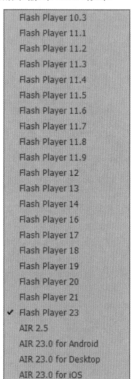

Flash Player 10.3
Flash Player 11.1
Flash Player 11.2
Flash Player 11.3
Flash Player 11.4
Flash Player 11.5
Flash Player 11.6
Flash Player 11.7
Flash Player 11.8
Flash Player 11.9
Flash Player 12
Flash Player 13
Flash Player 14
Flash Player 16
Flash Player 17
Flash Player 18
Flash Player 19
Flash Player 20
Flash Player 21
✓ Flash Player 23
AIR 2.5
AIR 23.0 for Android
AIR 23.0 for Desktop
AIR 23.0 for iOS

💬 【高级】选项区域：该项目主要包括一组复选框。选中【防止导入】复选框可以有效地防止所生成的动画文件被其他人非法导入新的动画文件中继续编辑。在选中此项后，对话框中的【密码】文本框被激活，在其中可以加入导入此动画文件时所需要的密码。以后当文件被导入时，就会要求输入正确的密码。选中【压缩影片】复选框后，在发布动画时对视频进行压缩处理，使文件便于在网络上快速传输。选中【允许调试】复选框后允许在Animate CC的外部跟踪动画文件，而且对话框的密码文本框也被激活，可以在此设置密码。选中【包括隐藏图层】复选框，可以将动

画中的隐藏层导出。【脚本时间限制】文本框内可以输入数值,用于限制脚本的运行时间。

🔵 【JPEG品质】选项:调整【JPEG品质】数值,可以设置位图文件在动画中的JPEG压缩比例和画质。用户可以根据动画的用途在文件大小和画面质量之间选择一个折衷的方案。

JPEG 品质(Q): 80

☐ 启用 JPEG 解块(J)

🔵 【音频流】和【音频事件】选项:可以为影片中所有的音频流或事件声音设置采样率、压缩比特率以及品质。

音频流: MP3, 16 kbps, 单声道
音频事件: MP3, 16 kbps, 单声道

☐ 覆盖声音设置(V)

12.3.3 设置HTML发布格式

在默认情况下,HTML文档格式是随Flash文档格式一同发布的。要在Web浏览器中播放Flash电影,则必须创建HTML文档、激活电影和指定浏览器设置。选中【HTML包装器】复选框,即可打开HTML选项卡。

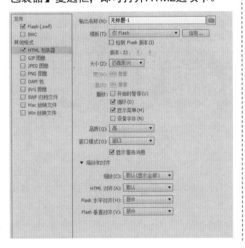

其中各参数设置选项功能如下。

🔵 【模板】下拉列表框:用来选择一个已安装的模板。单击【信息】按钮,可显示所选模板的说明信息。在相应的下拉列表中,选择要使用的设计模板,这些模板文件均位于Animate应用程序文件夹的【HTML】文件夹中。

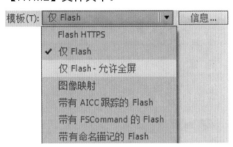

🔵 【检测Flash版本】复选框:用来检测打开当前影片所需要的最低的Flash版本。选中该复选框后,【版本】选项区域中的两个文本框将处于可输入状态,用户可以在其中输入代表版本序号的数字。

☑ 检测 Flash 版本(I)

版本: 23. 0. 0

🔵 【大小】下拉列表框:可以设置影片的宽度和高度属性值。选择【匹配影片】选项后,将浏览器中的尺寸设置与电影等大,该选项为默认值;选择【像素】选项后允许在【宽】和【高】文本框中输入像素值;选择【百分比】选项后允许设置和浏览器窗口相对大小的电影尺寸,用户可在【宽】和【高】文本框中输入数值确定百分比。

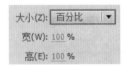

大小(Z): 百分比

宽(W): 100 %

高(E): 100 %

🔵 【播放】选项区域:可以设置循环、显示菜单和设计字体参数。选中【开始时暂停】复选框后,电影只有在访问者启

动时才播放。访问者可以通过单击电影中的按钮或右击后，在其快捷菜单中选择【播放】命令来启动电影。在默认情况下，该选项被关闭，这样电影载入后可以立即开始播放。选中【循环】复选框后，电影在到达结尾后又从头开始播放。清除该选项将使电影在到达末帧后停止播放。在默认情况下，该选项是选中的。选中【显示菜单】复选框后，用户在浏览器中右击后可以看到快捷菜单。在默认情况下，该选项被选中。选中【设备字体】复选框后将替换用户系统中未安装的保真系统字体。该选项在默认情况下为关闭。

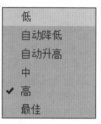

【品质】下拉列表框：可在处理时间与应用消除锯齿功能之间确定一个平衡点，从而在将每一帧呈现给观众之前对其进行平滑处理。选择【低】选项，将主要考虑回放速度，而基本不考虑外观，并且从不使用消除锯齿功能；选择【自动降低】选项将主要强调速度，但也会尽可能改善外观；选择【自动升高】选项，会在开始时同等强调回放速度和外观，但在必要时会牺牲外观来保证回放速度，在回放开始时消除锯齿功能处于打开状态；选择【中】选项可运用一些消除锯齿功能，但不会平滑位图；选择【高】选项将主要考虑外观，而基本不考虑回放速度，并且始终使用消除锯齿功能；选择【最佳】选项可提供最佳的显示品质，但不考虑回放速度；所有的输出都已消除锯齿，并始终对位图进行平滑处理。

【窗口模式】下拉列表框：在该下拉列表框中，允许使用透明电影等特性。该选项只有在具有Flash ActiveX控件的Internet Explorer中有效。选择【窗口】选项，可在网页上的矩形窗口中以最快速度播放动画；选择【不透明无窗口】选项，可以移动Flash影片后面的元素(如动态HTML)，以防止它们透明；选择【透明无窗口】选项，将显示该影片所在的HTML页面的背景，透过影片的所有透明区域都可以看到该背景，但是这样将减慢动画；选择【直接】选项，可以直接播放动画。

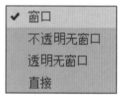

【HTML对齐】下拉列表框：在该下拉列表框中，可以通过设置对齐属性来决定Flash电影窗口在浏览器中的定位方式，确定Flash影片在浏览器窗口中的位置。选择【默认】选项，可以使影片在浏览器窗口内居中显示。选择【左对齐】、【右对齐】、【顶端】或【底边】选项，会使影片与浏览器窗口的相应边缘对齐。

◖ Flash 对齐选项：可以通过【Flash水平】和【Flash垂直】下拉列表框设置如何在影片窗口内放置影片以及在必要时如何裁剪影片边缘。

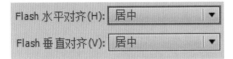

◖【显示警告消息】复选框：用来在标记设置发生冲突时显示错误消息，譬如某个模板的代码引用了尚未指定的替代图像时。

☑ 显示警告消息

- - - - - - - - - - - - - - - - - - - ▶

【例12-1】打开一个文档，将其以HTML格式进行发布预览。

◉ 视频+素材 (光盘素材\第12章\例12-1)

01 启动Animate CC 2017，打开一个文档，选择【文件】|【发布设置】命令，打开【发布设置】对话框。选中左侧列表框中的【HTML包装器】复选框。

02 右侧显示设置选项，选择【大小】下拉列表框内的【百分比】选项，设置【宽】和【高】的百分比值都为80%。

03 取消选中【显示菜单】复选框，在【品质】下拉列表框内选择【高】选项，选择【窗口】模式。

04 在【缩放和对齐】选项区域中保持默认选项，然后在【输出名称】文本框内设置发布文件的路径。

05 最后单击【发布】按钮，然后单击【确定】按钮。

06 打开发布网页文件的目录，双击打开该HTML格式文件，预览效果。

选择【发布设置】对话框中的【GIF图像】复选框，在其选项卡里可以设定GIF格式输出的相关参数。

在GIF选项卡中，主要参数选项的具体作用如下。

● 【大小】选项区域：用于设定动画的尺寸。既可以使用【匹配影片】复选框进行默认设置，也可以自定义影片的高与宽，单位为像素。

> 大小：□ 匹配影片(M)
> 宽(W)：550 像素
> 高(H)：400 像素

● 【播放】选项区域：该选项用于控制动画的播放效果。选择【静态】选项后导出的动画为静止状态。选择【动画】选项可以导出连续播放的动画。此时如果选中右侧的【不断循环】单选按钮，动画可以一直循环播放；如果选中【重复次数】单选按钮，并在旁边的文本框中输入播放次数，可以让动画循环播放，当达到播放次数后，动画就停止播放；选中【平滑】复选框，可以让动画去锯齿显示。

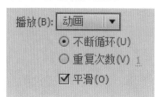

使用JPEG格式可以输出高压缩的24位图像。通常情况下，GIF更适合于导出图形，而JPEG则更适合于导出图像。选中【发布设置】对话框中的【JPEG图像】复选框，会显示JPEG选项卡。

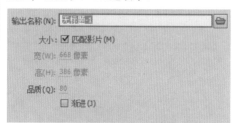

其中各参数设置选项功能如下。

● 【大小】选项区域：可设置所创建的JPEG在垂直和水平方向的大小，单位是像素。

● 【匹配影片】复选框：选中后将创建一个与【文档属性】框中的设置有着相同大小的JPEG图像，且【宽】和【高】文本框不再可用。

● 【品质】文本框：可设置应用在导出的JPEG中的压缩量。设置0将以最低的视觉质量导出JPEG，此时图像文件的体积最小；设置100将以最高的视觉质量导出JPEG，此时文件的体积最大。

● 【渐进】复选框：当JPEG以较慢的连接速度下载时，此选项将使它逐渐清晰地显示在舞台上。

PNG格式是Macromedia Fireworks的默认文件格式。作为动画中的最佳图像格式，PNG格式也是唯一支持透明度的跨平台位图格式，如果没有特别指定，Animate CC将导出影片中的首帧作为PNG图像。选中【发布设置】对话框中的【PNG图像】复选框，打开PNG选项卡。

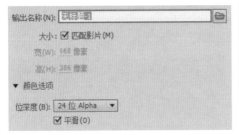

其中各参数设置选项功能如下。

⏺ 【大小】选项区域：可以设置导入的位图图像的大小。

⏺ 【匹配影片】复选框：选中后将创建一个与【文档属性】框中的设置有着相同大小的PNG图像，且【宽】和【高】文本框不再可用。

⏺ 【位深度】下拉列表框：可以指定在创建图像时每个像素所用的位素。图像位素决定用于图像中的颜色数。对于256色图像来说，可以选择【8位】选项。如果要使用数千种颜色，要选【24位】选项。如果颜色数超过数千种，还要求有透明度，则要选择【24位Alpha】选项。位数越高，则文件越大。

⏺ 【平滑】复选框：选择【平滑】复选框可以减少位图的锯齿，使画面质量提高，但是平滑处理后会增大文件的大小。

12.3.7 设置OAM发布格式

用户可以将 ActionScript、WebGL 或 HTML5 Canvas 中的 Animate 内容导出为带动画小组件的 OAM (.oam)文件。从 Animate 生成的 OAM 文件可以放在 Dreamweaver、Muse和InDesign中。

选中【发布设置】对话框中的【OAM

包】复选框，打开OAM选项卡。

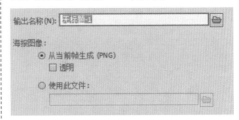

在【海报图像】区域，选择下面一个选项。

⏺ 如果要从当前帧的内容生成 OAM 包，请选择【从当前帧生成 (PNG)】单选按钮。如果要生成一个透明的 PNG 图像，请选择【透明】复选框。

⏺如果要从另一个文件生成 OAM，请在【使用此文件】框中指定该文件的路径。

单击【发布】按钮后，可以查看所保存位置中的 OAM 包。

12.3.8 设置SVG发布格式

SVG(可伸缩矢量图形)是用于描述二维图像的一种 XML 标记语言。SVG 文件以压缩格式提供分辨率无关的HiDPI 图形，可用于 Web、印刷及移动设备。可以使用 CSS 来设置 SVG 的样式，对脚本与动画的支持使得SVG 成为 Web 平台不可分割的一部分。

某些常见的 Web 图像格式如 GIF、JPEG 及 PNG，体积都比较大且通常分辨率较低。SVG 格式则允许用户按矢量形状、文本和滤镜效果来描述图像，因此具有更高的价值。SVG 文件体积小，且不仅可以在 Web 上，还可以在资源有限的手持设备上提供高品质的图形。用户可以在屏幕上放大 SVG 图像的视图，而不会损失锐度、细节或清晰度。此外，SVG 对文本和颜色的支持非常出众，它可以确保用户看到的图像就和在舞台上显示的一样。SVG 格式完全基于 XML，它对开发人员和其他这样的用户来说具有诸多优势。

选中【发布设置】对话框中的【SVG图像】复选框，打开SVG选项卡。

其中的各参数选项功能如下。

💭 【包括隐藏图层】复选框：导出Animate 文档中的所有隐藏图层。取消选择该复选框，将不会把任何标记为隐藏的图层(包括嵌套在影片剪辑内的图层)导出到生成的 SVG 文档中。这样，通过使图层不可见，就可以方便地测试不同版本的Animate 文档。

💭 【嵌入】和【链接】单选按钮：选择【嵌入】单选按钮可以在 SVG 文件中嵌入位图。如果想在 SVG 文件中直接嵌入位图，则可以使用此选项。选择【链接】单选按钮可以提供位图文件的路径链接。如果不想嵌入位图，而是在SVG 文件中提供位图链接，则可以使用此选项。如果选择将图像复制到文件夹选项，位图将保存在images文件夹中，该文件夹是在导出SVG文件的位置时创建的。如果未选中将图像复制到文件夹选项，将在SVG文件中引用位图的初始源位置。如果找不到位图源位置，便会将它们嵌入SVG文件中。

💭 【复制图像并更新链接】复选框：允许用户将位图复制到Images下。如果Images文件夹不存在，系统会在SVG的导出位置下创建文件夹。

在SVG中，滤镜效果可能与Animate中的不完全一样，原因是Animate和SVG中提供的滤镜之间不是一一对应的。不过，Animate利用SVG中提供的各种基本滤镜组合来模仿类似的效果。

12.3.9 设置SWC和放映文件

SWC 文件用于分发组件。SWC 文件包含一个编译剪辑、组件的 ActionScript 类文件，以及描述组件的其他文件。

放映文件是同时包括发布的 SWF 和Flash Player 的 Animate 文件。放映文件可以像普通应用程序那样播放，无须 Web 浏览器、Flash Player 插件或 Adobe AIR。

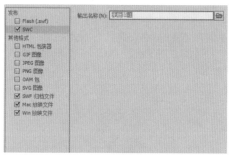

用户可以做如下设置。

💭 若要发布 SWC 文件，请从【发布设置】对话框的左列中选择【SWC】复选框，并单击【发布】按钮。

💭 若要发布 Windows 放映文件，请从左列中选择【Win 放映文件】复选框，并单击【发布】按钮。

💭 若要发布 Macintosh 放映文件，请从左列中选择【Mac 放映文件】复选框，并单击【发布】按钮。

💭 若要使用与原始 FLA 文件不同的其他文件名保存 SWC 文件或放映文件，请在【输出名称】框内输入一个名称。

12.4 导出影片内容

在Animate CC 2017中导出影片，可以创建能够在其他应用程序中进行编辑的内容，并将影片直接导出为单一的格式。导出图像则可以将文档中的图像导出为动态图像和静态图像。

12.4.1 导出影片

导出影片无须对背景音乐、图形格式以及颜色等进行单独设置，它可以把当前动画的全部内容导出为Animate CC支持的文件格式。要导出影片，可以选择【文件】|【导出】|【导出影片】命令，打开【导出影片】对话框，选择保存的文件类型和保存目录即可。

【例12-2】打开一个文档，将该文档导出为GIF格式。
视频+素材(光盘素材\第12章\例12-2)

01 启动Animate CC 2017，打开一个文档，选择【文件】|【导出】|【导出影片】命令，打开【导出影片】对话框，选择【保存类型】为【GIF序列】格式选项。设置导出影片的路径和名称，然后单击【保存】按钮。

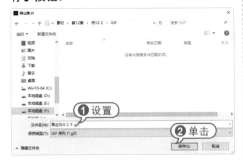

02 打开【导出GIF】对话框，应用该对话框的默认参数选项设置(设置大小、分辨率和颜色选项，如果导出的影片包含声音文件，还可以设置声音文件的格式)，单击【确定】按钮。

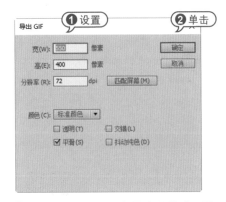

03 系统会打开【正在导出图像序列】对话框，显示导出影片的进度。

04 完成导出影片进度后，找到保存目录下的GIF序列文件。

12.4.2 导出图像

Animate CC可以将文档中的图像导出为动态图像和静态图像，一般导出的动态图像可选择GIF格式，导出的静态图像可选择JPEG格式。

1 导出动态图像

如果要导出GIF动态图像，可以选择【文件】|【导出】|【导出图像】命令，打开【导出图像】对话框，在右边的一系列下拉列表中选择【GIF】格式选项，输入文件名称，设置图像大小和颜色，单击【保存】按钮。

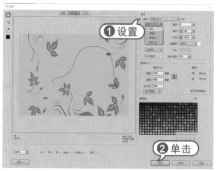

打开【另存为】对话框，设置文件的保存路径，单击【保存】按钮，即可完成GIF动画图形的导出。

2 导出静态图像

如果要导出静态图像，可以选择【文件】|【导出】|【导出图像】命令，打开【导出图像】对话框，在右边的一系列下拉列表中选择【JPEG】格式选项，然后设置其属性等选项，单击【保存】按钮，打开【另存为】对话框，设置文件的保存路径，单击【保存】按钮，即可完成JPEG图形的导出。

【例12-3】打开一个文档，将文档中的图像导出为 JPEG格式。
视频+素材 (光盘素材\第12章\例12-3)

01 启动Animate CC 2017，打开一个文档，选择【窗口】|【库】命令，打开【库】面板。右击【蝴蝶】影片剪辑元件，在弹出的快捷菜单中选择【编辑】命令。

02 进入元件编辑窗口，选中蝴蝶图像，选择【文件】|【导出】|【导出图像】命令。打开【导出图像】对话框，选择【JPEG】格式选项，设置属性，单击【保存】按钮。

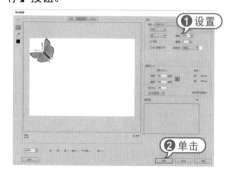

03 打开【另存为】对话框，设置文件的保存路径，命名为"蝴蝶"，单击【保存】按钮。

04 在保存目录中可以显示保存好的【蝴蝶.jpg】格式的图片文件，双击可以打开该图片。

12.4.3 导出视频

使用Animate可以导入或导出带编码音频的视频。Animate可以导入FLV视频，导出FLV或QuickTime(MOV)。可以将视频用于通信应用程序，例如视频会议或包含从Adobe的Media Server中导出的屏幕共享编码数据的文件。

1 导出FLV视频

在从 Animate 以带音频流的 FLV 格式导出视频剪辑时，可以设置压缩该音频。用户可以从【库】面板中导出 FLV 文件的副本。

首先打开包含FLV视频的文档，打开【库】面板，右击面板中的 FLV 视频，在弹出菜单中选择【属性】命令。

在【视频属性】对话框中，单击【导出】按钮。

打开【导出FLV】对话框，设置导出文件的保存路径和名称，单击【保存】按钮即可。

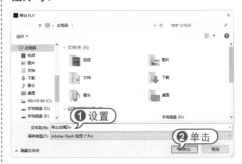

2 导出QuickTime

Animate 提供两种方法可将 Animate 文档导出为 QuickTime。

QuickTime 导出：导出 QuickTime 文件，使之可以以视频流的形式或通过 DVD 进行分发，或者可以在视频编辑应用程序(如 Adobe Premiere Pro)中使用。 QuickTime 导出功能是针对想要以 QuickTime 视频格式分发Animate 内容(如动画)的用户而设计的。请注意，用于导出 QuickTime 视频的计算机的性能可能会影响视频品质。如果 Animate 无法导出每一帧，就会删除这些帧，从而导致视频品质变差。如果用户遇到丢弃帧的情况，请尝试使用内存更大、速度更快的计算机，或者减少 Animate 文档的每秒帧数。

发布为 QuickTime 格式：用计算机上安装的那种 QuickTime 格式创建带有 Animate 轨道的应用程序。这允许用户将 Animate 的交互功能与 QuickTime 的多媒体和视频功能结合在一个单独的 QuickTime 4 影片中，从而使得使用 QuickTime 4 或其更高版本的任何人都可以观看这样的影片。

12.5 进阶实战

本章的进阶实战部分为导出影片和图像这个综合实例操作，用户通过练习从而巩固本章所学知识。

【例12-4】 打开一个文档，导出影片和图像。

🎬视频+素材 (光盘素材\第12章\例12-4)

01 启动Animate CC 2017，打开一个文档。

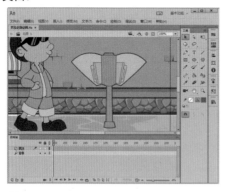

02 选择【文件】|【导出】|【导出影片】命令，打开【导出影片】对话框，选择【保存类型】为【GIF序列】格式选项。设置导出GIF文件的路径和名称，然后单击【保存】按钮。

03 打开【导出GIF】对话框， 应用该对话框的默认参数选项设置(如果导出的影片包含声音文件，还可以设置声音文件的格式)，单击【确定】按钮。

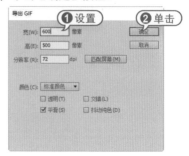

04 系统会打开【正在导出图像序列】对话框，显示导出影片的进度。

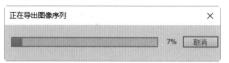

05 完成导出影片进度后，可以找到保存目录下的GIF序列图片文件。

06 选择【窗口】|【库】命令，打开【库】面板。右击【男孩走路】影片剪辑元件，在弹出的快捷菜单中选择【编辑】命令。

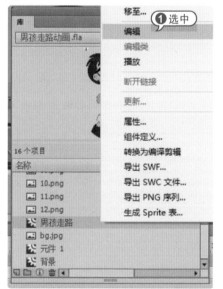

07 进入元件编辑窗口，选中男孩图像，选择【文件】|【导出】|【导出图像】|命令。

08 打开【导出图像】对话框，在右边选择【JPEG】导出格式，设置品质、图像大小等选项，然后单击【保存】按钮。

09 打开【另存为】对话框，设置文件保存的路径和名称，单击【保存】按钮。

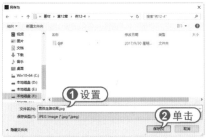

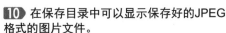

10 在保存目录中可以显示保存好的JPEG格式的图片文件。

12.6 疑点解答

● 问：如何防止发布的动画文件被人从网上下载到软件中进行编辑？

答：用户可以选择【文件】|【发布设置】命令，打开【发布设置】对话框，在【Flash】选项卡中展开【高级】下拉按钮，选中【防止导入】复选框，并在下面的密码文本框中输入密码，然后单击【确定】按钮。

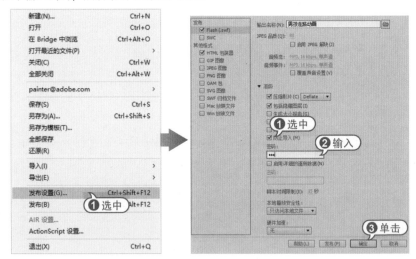